21世纪普通高校写作系列规划教材

U0868679

THINKING AND WRITING

# 思维与写作

彭庭松　主编

ZHEJIANG UNIVERSITY PRESS
浙江大学出版社

图书在版编目(CIP)数据

思维与写作 / 彭庭松主编. —杭州:浙江大学出版社,2021.9(2024.9重印)
ISBN 978-7-308-21446-9

Ⅰ. ①思… Ⅱ. ①彭… Ⅲ. ①逻辑思维—教材 ②汉语—写作—教材 Ⅳ. ①B804.1 ②H15

中国版本图书馆 CIP 数据核字(2021)第104878号

**思维与写作**

彭庭松 主编

| | |
|---|---|
| **策划编辑** | 曾　熙 |
| **责任编辑** | 曾　熙 |
| **责任校对** | 高士吟 |
| **封面设计** | 春天书装 |
| **出版发行** | 浙江大学出版社<br>(杭州市天目山路148号　邮政编码310007)<br>(网址:http://www.zjupress.com) |
| **排　　版** | 杭州朝曦图文设计有限公司 |
| **印　　刷** | 杭州钱江彩色印务有限公司 |
| **开　　本** | 787mm×1092mm　1/16 |
| **印　　张** | 12.75 |
| **字　　数** | 285千 |
| **版 印 次** | 2021年9月第1版　2024年9月第8次印刷 |
| **书　　号** | ISBN 978-7-308-21446-9 |
| **定　　价** | 39.00元 |

# 《思维与写作》编委会

# 序

写作能力是一项十分综合的能力，它集中反映了一个人的思维水平、表达水准、情感内蕴、文化内涵及沟通能力。人生成长越来越离不开写作，社会越进步，写作能力就愈加重要。或许可以更加直白地说，它是未来个人发展不可替代的核心竞争力之一。令人遗憾的是，当下大学生乃至硕士生、博士生写作能力不尽如人意，社会各界的忧心甚至是失望屡见报端。长期以来，我国大学没有一门覆盖全体学生的写作必修课程，大学生缺少必要的规范训练，他们用中学作文的思维和表达方式来应对大学阶段的写作，自然就会导致很多问题和不适应。反观西方发达国家，特别是美国著名大学就高度重视写作课。例如哈佛大学将写作课程列为全校本科生唯一的必修课，同时将诸如“必须能够清晰而明白地写作”“具有清楚的思维、谈吐、写作的能力”的表述作为首项列入学生的毕业标准之中。普林斯顿大学则有著名的写作中心，中心建立了非常完整、严密的写作体系，除了每年开设超过100场写作研讨班，要求本科新生必须参加外，还采取诸多措施，以构成完整的普林斯顿写作计划（writing program）。

为什么世界一流大学如此重视这门课程？我认为其中最核心的原因是这门课程不仅仅在于“写”，更在于“阅”“思”“悟”“践”，通过深度的阅读、思考与交流及大量有针对性的写作训练，唤醒学生深层的逻辑思维和思辨意识，养成学生独立思考和理性判断的良好习惯，进而全面提升学生的综合素质和能力。

为大学生开设一门高质量的写作课，一直是我心之所系。早在2016年，我在浙江大学国际联合学院（海宁国际校区）工作期间，就开始了这样的探索和实践。2017年，我到浙江农林大学担任校长。9月，在为新生上第一课时，就提出了要在全体本科生中开设大学写作课的初步设想，并着手开始筹备相关工作。学校以文法学院师资为基础，组建了全校性的“大学写作”教学团队，予以政策和资金支持，正式开始了课程建设的步伐。团队成员多次赴清华大学等地调研，结合本校实际，经过反复研讨，确立了课程定位，制定了教学方案，进行了课程演练，初步形成了教学模式。在这期间我也参与团队的讨论，广泛听取师生的意见。沈月琴副校长也多次具体指导，有力推动了课程建设扎实前进。2017年12月9日，在海口举行的中国高等农林教育校长联席会议上，我还就此专门和同仁交流，引起较为强烈的共鸣。2018年10月15日，我在《浙江农林大学报》头版发表了《论开设大学写作课的必要性》一文，从树立人才培养中心地位和支撑学生全面成长，培养学生适应新时代发展的关键能力的高度，阐释了这“探索性的有益尝试”对高等教育事业发展的意义。2018年10月28日，浙江农林大学大学写作课正式开课，与清华大学一同成为国内率先开设此类课程的高校之一。2019年10月19日，浙江省逻辑学会写作与思维专业委员会在我校成立，为促进思维与写作的紧密结合提供了可贵的学术支持。寒来暑往，春华秋实，转眼间课程在我校集贤学院求真实验班试点两年，取得了预期效果，在社会上也引起良好反响，面向全校推广的条件已经成熟。2020年8月3日，《浙江农林大学“大学写作”课程推广方案（试行）》颁布，学校进一步加大支持力度，努力实现到2022年课程基本覆盖全体本科生的目标。

编写《思维与写作》教材，正是在这样的背景下提出的。令人欣慰的是，我们的老师们不负所期。他们花了很多时间、下了很多功夫、用了很多心力，让孩子们得以在课堂教学与日常训练中洞察、感受到逻辑的力量和思辨的奥妙。同时，也积累了不少他人尚未有的宝贵经验，并注入这本《思维与写作》教材之中，这中间无疑凝聚着所有参与这项工作的人的大量心血与智慧。他们，是一群有理想、有情怀的人。

通观全书，我认为具有以下特点：一是立足课程前沿。编写者力图掌握国际新动态，跟踪国内最新发展前沿，融合本土实际，吸收先进写作理念。本书内容突破传统写作过程局限，将视野延伸至评价和法律领域，突出表现在对与写作相关的评价体系和知识产权问题都有专章论述。二是强调逻辑思维。教材不仅专门有两章分别论述批判性思维与写作、逻辑与说理论证，而且全书各章中都自觉运用批判性思维和与之适应的逻辑思维来强化论述。三是彰显教程体例。全书围绕着“如何写好、评价并保护好一篇说理性文章”展开论证，简明扼要，不蔓不枝，突出思维、逻辑和方法，利于组织教学。四是融合教学实践。本书编写人员大都上过大学写作课，他们将自身的设计、感悟、心得、思想乃至于课堂中运用的材料和案例都融入其中，个性色彩较为鲜明。

本教材的出版，出发点是抛砖引玉。毕竟旨在面向全体本科生的写作课程开设时间不长，毕竟这类教材问世的还不多，毕竟编写的时间还略显仓促，所以它难免还有很多不完善的地方。欢迎大家用批判性的眼光看待并不吝指教，以便在再版时修订。

“嘤其鸣矣，求其友声。”希望浙江农林大学“大学写作”教学团队以教材出版为契机，进一步加强同国内外高校和写作机构的联系，持续保持与同道者的切磋交流，见贤思齐，笃行不倦，奋力使大学写作课更上一层楼。我们开设该课程的目标是全面提升学生独立思考和逻辑思维能力，全面增强学生文字写作和语言表达能力，全面深化学生情感传递和文化理解能力。让我们不忘初心，行稳致远，为实现这一目标扎实奋斗。

应义斌

2021年3月

# 目　录
# CONTENTS

# 绪　论

博学之，审问之，慎思之，明辨之，笃行之。

——《礼记·中庸》

夫吾侪治史，本非徒欲知有此事而止，既知之后，尚须对于此事运吾思想，骋吾批评。

——梁启超

没有证据，只可悬而不断；证据不够，只可假设，不可武断；必须等到证实之后，方才奉为定论。

——胡适

读书使人充实，讨论使人机智，笔记使人准确。

——[英]培根

发展独立思考和独立判断的一般能力，应当始终被放在首位，而不应当把获得专业知识放在首位。

——[美]爱因斯坦

在这个文字愈来愈密集的社会，我们比以往任何时候都更需要读写技巧。

——[美]约翰·奈斯比特

## 课前思考

1. 你是如何理解高中作文和大学写作的不同的?
2. 你觉得说理性写作最大的困难在哪儿?设想过如何解决吗?
3. 听说过批判性思维吗?你是如何理解它的?

2010年前后,我国大学生写作能力受到高度关注。针对出现的各种问题,“大学写作”课程教学改革的呼声也前所未有地强烈。各高校相继进行探索,将课程提升到通识教育的高度,主动借鉴国际先进经验,从培养综合能力着手,推动课程改革走向深入,呈现出与传统写作课程不甚相同的风貌。在这样的大背景下,我们组织编写这部教材,试图摆脱传统套路的桎梏,总结鲜活的教学实践,融入经验和思考,为课程改革添砖加瓦。

## 第一节　我国中小学作文教学的缺陷与改革

21世纪以来,大学生写作能力堪忧的报道屡见于各种媒体。尤其是学术性、说理性文章的写作,令不少大学生茫然无措,提笔就愁。他们在观点提炼、论证分析、论据运用、逻辑思维、语意表达等诸多方面,都存在这样那样的问题。中国科学院大学席南华院士坦言:“我自己培养研究生就发现,他们的写作能力存在很大的问题,只会写别人的话,不会写自己的话。”①中国传统本来很注重写,各种写作课程和辅导持续不断。从小学开始,学生就开始“笔耕不辍”,要求完成作文,为此师生都付出了艰苦努力。不曾想写作问题延续到大学反而显得更加突出,这当中的原因不能不引起有识之士的深切关注和教育工作者的反省。

在应试教育背景下,中小学与大学教育在写作能力上并未有很好的衔接。作文是中小学写作训练的主要方式之一。曾几何时,语法和逻辑知识体系被认为难度大,一度退出中小学教科书。文体学概念模糊,囿于时间限制的作文以追求速度和亮点为目标,发散性思维替代批判性思维,逻辑的精准性和严密性被感性的多元性和散漫性稀释,这种作文模式自然与大学所需要的写作能力渐行渐远。正如有的学者所指出的那样:“高中写作和大学写作的衔接存在一个很大的鸿沟。高中写作比较强调情感的表达、事件的描述,或者是对事情正反两方面的平衡。但是大学写作更强调在逻辑的、批判性思维基础上的分析和

① 霍思伊.我们志在培养顶尖人才,而非“一流大学”:专访中科院院士、国科大本科生培养委员会主任席南华[J].中国新闻周刊,2017(47):43.

观点的表达。”[1]不妨这样说，中小学写作与大学写作的最大差异就在于逻辑与思维的训练意识与力度不同。

语言是思维的直接体现，想得明白才能写得清晰，表达必须建立在训练有素的思维的基础之上，尤其是学术性、说理性论文更是如此。恰如清华大学经济与管理学院院长钱颖一所言：“为什么写作重要？因为它是通过逻辑思维构思布局、组织思想，通过搜集证据取舍素材，通过准确的语言加以表达，并通过提炼观点展示结论。这不是一般意义上的写作过程，而是一种思想和论据的组织过程。”[2]思维有多种，需求也各异。但就强调创新的学术研究而言，它更需要的是批判性思维。中国科学院院士殷鸿福认为中国原创力不够，“最根本的就是批判性思维欠缺导致的”，因此他大声疾呼：“批判性思维要从中学抓起。”[3]

类似于殷院士这样的强烈呼吁，势必也会得到有力呼应。有关部门其实较早注意到了这个问题，站在促进人全面发展的使命高度，教育部在高中各学科课程标准中都加强了对批判性思维的教学要求。以《高中语文课程标准》为例，除多处提到诸如“发展思辨水平，提升思维品质”“发展逻辑思维”“科学阅读与探究”外，还将“思维发展与提升”列为四大核心素养之一。明确要求发展“逻辑思维、辩证思维和创造思维”“促进深刻性、敏捷性、灵活性、批判性和独创性等思维品质的提升”。

时代的发展在倒逼教育的改革。许多中学也认识到了批判性思维教学存在着短板，依据课程标准，主动进行改革探索。其中做得扎实、取得瞩目成果的代表性学校当属南京中华中学。该校从2013年起，就开始了系统的批判性思维培养探索，是国内首家面向全体高一学生开设“逻辑与批判性思维”校本必修课程的学校，课程以“会质疑、重实证、讲逻辑”为培养目标。学校还成功申报江苏省首家普通高中批判性思维课程基地，并出版了批判性思维教程《给中学生的批判性思维书》。校长徐飞认为，“批判性思维不等于批判和否定。事实上，批判性思维并不事先假定什么是对的、什么是错的，只是主张任何观点及其论证都应该接受理性的省察，发现是错的，就反对它；发现是对的，就维护它；发现是对的但还存在问题，就改进它。批判性思维其实是中性的，并不会使人偏激，让人生出‘反骨’，相反，它更可能使人包容、平和、客观、中立”。因此，“批判性思维不会带来奇崛和风险，而是带来深刻与合理”[4]。如此看来，批判性思维的核心思想就是实事求是。在对批判性思维正名之后，学校将课程、基地、生活结合起来，分层次、分学科进行全方位融合，循序推进逻辑知识、思维方法与研讨探究，培养学生养成批判性思维的习惯和能力。批判性思维运用到写作中来，借助于经典思辨的课程，反复训练，便能提升在写作的立意、境界和表达方面的能力。教师在指导批判性思维过程中，教学相长，本身思维和教学能力也得到改善和提高。

---

① 王品芝，李丹妮. 从高中作文到大学论文，如何跨越鸿沟：访中国科学院大学人文学院副教授、“大学写作”课程任课教师王楠[N]. 中国青年报，2019-01-04(8).

② 邓晖. 大学生写作短板亟须补齐[N]. 光明日报，2018-05-21(8).

③ 雷宇. 殷鸿福院士：批判性思维要从中学抓起[N]. 中国青年报，2019-07-03(3).

④ 徐飞. 尊重材料与表达自我：用批判性思维改进写作[J]. 语文学习，2019(1)：57.

## 第二节 国外写作课开设概况

批判性思维与写作相融相生，努力使中小学与大学写作课程无缝衔接，既是写作本身随时代发展的趋势，亦是借鉴国外先进经验的积极尝试。“他山之石，可以攻玉”，教育改革要有更宏大的国际眼光，将人类文明成果为我所用。美国是世界上教育最为发达的国家之一，它的一以贯之的、科学的、实效的写作训练体系，具有典型性，对于国内大学写作课程的改革，具有较强的参考意义。现以美国为例，对其写作课情况做一简略介绍，以期窥一斑而见全豹。

美国站在维护国家利益的角度，从中小学开始，便为学生未来所具备的写作能力设置渐进目标和达成途径。美国是一个奉行科学主义和实用主义的国家，他们的教师相信，写作虽非一蹴而就，但既然是一项技能，就可以经过严格训练而教会。“从20世纪90年代起，美国写作教学一直在对语言规范表达和思维发展进程的研究上下功夫，先是制定了‘写作过程’的六大步骤，即构思、写初稿、修改、编辑、誊写和上交（出版/发表）。教科书把它编进教材，教师也按照这个‘过程’进行教学。”师生紧紧围绕“文体特征、写作过程、思维程序和语言规范”这几个焦点，以专题研讨的形式、工坊（writing workshop）化操作，慢工出细活，不急不躁地推动写作教学。①

以哈佛大学为代表的大多数美国一流大学将写作课列为必修课。课程延续中学阶段业已采用的专题研讨形式，小班化展开写作教学，不断强化深度阅读、熟练写作、有效交流与批判性思维方面的训练，形成视野开阔、思虑深邃的综合训练体系。尤其是逻辑与思维，在大学里更是得到前所未有的重视。2011年，“全美写作计划”和写作课程管理者委员会联合制定了《美国大学生优秀写作能力标准》（*Framework for Success of Postsecondary Writing*），提出了八种思维品质：好奇心、开放性、参与度、创造力、持久性、责任感、灵活性、元认知，以此作为衡量写作水平高低的重要指标。每一个专题就是一个思维难题，学生唯有深入钻研，大量阅读，缜密思考，进而清晰准确表达，并在不断修改打磨的基础上，方能建立有说服力的议论。这个过程自然会十分艰苦，教师会布置大量的教学任务，充分发挥学生的学习主动性，并给予严格督促、检查、指导、反馈。教师积极引导同伴交流和评价，并鼓励学生成果发表和转化，如公开出版、创建博客、实地访谈、演讲呈现等。评价机制多元化，建立写作过程档案，强化形成性评价。

成立相关机构，有针对性地提供辅导服务，让帮助无所不在，这也是美国大学很具特色的教学体系。据方略研究院研究员刁若尘介绍，“比如普林斯顿大学，已构建起一个全方位服务于学生写作的体系。除了每年开设超过100场写作研讨班，要求本科新生必须参加外，还建有写作中心，为所有在校生提供免费的一对一写作辅导，以培养学生的阅读和批判思考能力；针对在校生关于科学工程类的写作需求，另外专门开设两门课程；此外，

① 王爱娣，裴海安.美国中小学写作教学对我国的启示[J].语文教学通讯（高中刊），2018（12）：16.

还通过为教师提供用于教授学生写作的策略、资料和案例,及运营一部年刊,节选学生作品等诸多方式,致力打造整个学校的学术写作文化"[①]。甚至很多大学,还设有专门奖项,比如斯坦福大学就有布斯奖、兰斯福德奖、霍福尔奖等,用以奖励那些在写作领域成绩突出的学生。

## 第三节 我国高校写作课程的开设与改革

进入大学后,我国绝大多数学校没有覆盖全体学生的通识类写作课。量大面广的大学语文课程,多重人文熏陶而缺少写作实训;应用文写作课程,在"致用"原则指导下,侧重程式化训练,将写作变成了几乎与深度思维绝缘的套路;各学科结合自身开设的写作课,跳过思维和逻辑的基础训练阶段,直接进入专业学用结合的高级阶段,愿望固然好,但难度实在太大,一时间也让学生难以适从。

国内一些大学在意识到提升写作能力的急迫性后,率先进行了改革。它们参考国际经验,结合本校实际,努力面向尽可能多的学生开设写作课程。

复旦大学构成了完整的通识教育体系,目前虽没有面向全校的写作课程,但学校将写作渗透到各专业、各环节。致力于提高学生在某一特定学术领域的说理能力与专业性。各学院、系部根据学科专业特点,开设了"英语论说文写作""多文体写作""学术写作""行政文书写作""新闻采访与写作""史学论文写作"等具体课程。

上海交通大学也较早重视写作课程。2009年,写作课就成为全体本科生的必修课,着重应用文写作的培养,力求让学生在写作上做到准确、简洁、有逻辑。2018年后,"批判性思维与学术写作"成为本科生通识核心课,"研究生学术论文写作"则成为必修课程。

中国科学院大学在2015年就已开设"大学写作"课,并将它作为一年级本科生必修课。"大学写作"课程召集人王楠表示:"我们不是很关注学生到底用了哪个词,用了什么样的句式,我们更关注的是学生在写作过程中如何形成自己的观点,如何选择充分、可靠的论据来论证观点。"[②]参照美国大学写作课程设置,课程按照四个单元来展开。第一是问题意识,训练在材料中发现问题;第二是分析和论证观点;第三是综合训练;第四是科普环节。课程采用小班化教学,每班不超过25人。

西安交通大学电信学院最早在国内理工科高校本科生中开设"表达与交流"课程。该院院长管晓宏院士认为"表达与交流是最重要的综合能力","表达与交流是最重要的通识教育"。[③]2016年,该课程纳入学校通识核心课程体系。课程规划开设60学时,前30学时为基本阅读与语言表达,由人文学科教师讲授;后30学时为科技写作与表达,由专业院系教师讲授。目前课程形成了系统的理论体系,共分为绪论、科技写作的核心要素、写作表

① 邓晖.大学生写作短板亟须补齐[N].光明日报,2018-05-21(8).

② 韩天琪.大学写作课,"教出好论文"[N].中国科学报,2018-06-04(7).

③ 董少校.大学通识类课程如何"挤出水分"[N].中国教育报,2018-11-19(1).

达方法、如何做好演讲报告、实用文体写作、综合训练等六部分。

南方科技大学开设有“写作与交流”系列课程，系列中包括“写作与交流”“诗词格律与古诗词写作”“中文写作与语言认知”“各种文体写作”“科幻创作”“朗读与演讲”等具体课程。“写作与交流”是学校通识通修必修课，课程的特色定位是：为交流而写作，以写作促成长。在明确基本原理的基础上，展开应用写作、学术写作与口语交际三个方面的集中讲授与强化训练。课程由专职教师讲授，实行小班化教学。

改革最令人瞩目的是清华大学。早在2009年，该校经管学院就率先开设“中文写作”和“中文沟通”两门课程。经过9年的探索，积累了较为丰富的素材和经验。在此基础上，2018年5月17日，清华大学校长邱勇宣布，清华大学将在2018级新生中开设“写作与沟通”必修课程，计划到2020年，该课程覆盖所有本科生，并力争为研究生提供课程和指导。

课程定位为非文学写作，偏向于逻辑性写作或说理写作，旨在显著提升学生的写作表达能力、沟通交流能力，培养逻辑思维和批判性思维的能力。

课程借鉴国外先进经验，采用主题写作教学方式。据“清华大学写作与沟通教学中心”官方公众号介绍，2019—2020学年春季学期，有21位老师按照“学古探微”“往事记忆”“社群与社会”“时代棱镜”“空间观察”“天工开物”“网络与未来”“探索生命”8个模块，设计了27个深度与趣味兼备的课堂主题。学生可按照兴趣选择主题，进入相应班级，接受系统训练。

学校成立“写作与沟通教学中心”，组建不少于25名教学系列专职教师的教学队伍，并鼓励各院系不同专业背景的教师共同参与授课。课程采取小班讨论的授课方式，每班15人左右。在训练的范式、学生写作的产出、教师对学生写作与沟通实践的指导等方面，要求相对一致。

浙江农林大学在调研国内外高校，尤其是清华大学之后，经过周密研讨和准备，在浙江省高校率先开设大学写作课。课程旨在养成学生独立思考的习惯，训练批判性思维能力和逻辑思维能力，提升文字写作和语言表达能力，强化情感传递和文化理解能力，进而培养支撑学生全面成长、适应新时代发展的关键能力。课程不再以讲授为主，而代之以训练，老师的角色类似于导演兼教练；课堂围绕主题或话题展开讨论，启发师生思维，并在思维的碰撞中不断开拓、调整、聚焦和深化；创新使用专题研讨法，层层深入，引人入胜，在不断修改中，提升逻辑组织严密度，努力将文字锻造得更加完善。

以上高校写作课程改革虽各有侧重和各具特色，但在批判性思维训练上可谓殊途同归。思维与写作的深度融合，已经成为各高校在忧患反思之后的共识。

## 第四节　本课程学习目标与方法

### 一、学习目标

本课程定位为说理性写作，在教学中努力实现批判性思维、逻辑性思维与写作能力的有机融合。我们将本课程作为面向全体本科生重要的通识教育课程，并期待学生能在传统通识的基础上升华到识、思、写三位一体的境界。按照“广覆盖”和“有深度”的要求，结合新文科建设，力争使课程在国际化视野观下富有实用性和前瞻性。

辩明事理，精准表达，以文会友，理性沟通，这是信息化、全球化和可持续性发展新时代所需要的关键技能。写作课程既是训练平台，又是能力载体，借此使学生获得综合技能，让其终身受益。“大学写作”课程在浙江农林大学已经有两年多的探索与实践，受到各方关注。浙江农林大学应义斌校长站在学生全面成长的高度，指出：“在本科生中开设大学写作课的目的是要通过科学而系统的写作训练来有效提升学生的逻辑思维和文字表达水平，培养支撑学生全面成长，适应新时代发展的关键能力。”[①]这种战略眼光和思维，为课程开辟新境界提供了深刻的启迪。

“人事有代谢，往来成古今。”今天面向现代化、面向世界、面向未来的大学写作，已经步入了更新的轨道，同时要面对更快的社会发展节奏，更高的质量要求，教学观念势必要与时俱进。与传统教师主导课堂不同，大学写作课程要求树立“学生本位，能力中心，教师引导”的观念，大力强化讨论和实训。通过写作课程的学习，我们期待能以写促能，进而涵养写作情怀，让写作相伴一生。具体而言，要达成以下目标。

一是训练思维，开掘思想深度。我们要开宗明义告诉学生：想好再写，思在笔先。按照逻辑思维和批判性思维的特点，教师要善于引导学生，面对问题时用开放、广阔的心态去寻找可能的解决路径；用理性的怀疑和反思态度，推敲问题本身乃至论证过程的真伪和可能的谬误，对其相关性、一致性和正当性做出判断和论证；用求真和公正的精神，辩证地分析问题的隐含假设，用正确的思维方式去发现和阐释问题背后的真相；用切实和管用的方法，设计出清晰的解决问题的技术路线，彰显思维效率和效度。用思维寻找理路，由理路而寻找方法，最终做有思想的写作者。

二是感受生活，传承精神文化。思维的脑和写作的笔，呼应的都是现实生活。写作是一个复杂的课程系统，需要底蕴、思维和表达的持续互动渗融。无论什么专业，不管是文学性写作还是非文学性写作，都少不了强烈的兴趣和动力，以及升华为精神之后的强烈文化责任感。虽说“隔行如隔山”，然山的两边必然脉络相连。在不同的专业领域，思维虽各有侧重，然总少不了综合运用。即以科学为例，虽以抽象思维和理性思维为主，但形象思维和感性思维亦不可或缺。在方法上，既要有实证，又要有想象；既要定量分析，又要有定性判断。要让写作事业持续推动，必须做有情怀的写作者。

三是更新知识，促进体系构建。没有充分的知识储备，写作便如同无米之炊；知识若不及时更新，写作便如同一潭死水。写作是信息不断输出的过程，这也势必倒逼新信息不断输入，输出输入的循环，促使写作者到生活和阅读中去寻找新的感悟和素材。写作伴随知识体系、逻辑体系、方法体系等不断建构，批判性思维不断得到实践，在反复归纳比较、辩证分析、否定反正、拓深求真等过程中，形成严密的论证体系。知识是体系建构的起点

---

① 应义斌.论开设大学写作课的必要性[N].浙江农林大学报，2018-10-15(1).

和基础,要做善学习的写作者。

四是精妙表达,实现有效沟通。尤其是说理性写作,预设有说服对象,存在着欲令谁接受事理的潜在问题。写作于是有了作者和读者的交流。"知己知彼,百战不殆",兼听则明,作者考虑到读者,还不只是为了思维严密,更是为了体现批判性思维中的公正原则和求真本性。因为"一篇文章只是作者的思考,不是唯一的事实,更不是事物的全部真相"①。作者和读者,是平等对话关系,"论证写作,是交流;交流,是双方的互动;交流的效果如何,由双方来决定。所以,写文章,需要心里想着读者,考虑交流对象的状况,并做出针对性安排"②。无论是专业性写作,还是交际性写作,都要善于站在对方的立场去考虑问题。将心比心,推己及人,要做会理解的写作者。

五是锻炼意志,开拓生存能力。在日常生活中,应用写作无往而不在;在专业领域中,专业写作必不可少;在情怀世界里,温度写作励己励人。写作让人思考、阅读、吸收、选择、批判、表达,这一复杂而又特殊的生产链见证了学习能力提升的过程。学习中拥有的阅读能力、思考能力、分析能力、判断能力等,在职业生涯和众多生活领域中须臾不离。写作倒逼学习,增益其所不能,扩大学习效果的影响力和辐射力,使沟通更加优雅和顺畅,由此带来更多的发展资源和转化财富。写作让人在精神上生出充实感、获得感和愉悦感,有利于保持良好的心态。写作从必然王国步入自由王国,需要大量艰辛枯燥的训练,要做有毅力的写作者。

## 二、学习方法

为了达成以上教学目标,作为学习主体的大学生,应在以下具体方面着力。

一是善读。领悟生活,阅读文献,进而萌发表达愿望,这是思维与写作的基础。在信息化的今天,阅读途径多元化、信息海量化、摄取复杂化,完全是一个阅读的新时代。对传统的阅读方式方法不得不重新审视,科学技术加入阅读领域,尤其是检索学与电子化、数字化的结合,给阅读带来革命性的影响,对传统阅读方式的影响甚至是颠覆性的。在这样的背景下,读什么、如何读、文献在哪里等问题较之以往更加棘手,且迫切需要解决。在快节奏、功利化的社会,善读成为现代阅读的核心。

阅读的目的各不相同。为说理性、论证性写作而进行的阅读,是严肃深刻和充满理论挑战的,它会遇到"读起来很累"和"读起来很难"的状况。这种阅读满含问题意识和学术关切,要在汗牛充栋的文献中寻找和感知真知灼见,文献的选择便是第一关,要多阅读写作领域中的经典作品,出版社或翻译者也要选择权威机构或者译者。先是略读、粗读、跳读,在紧张的思考过程中,迅速建构起有用的材料采集体系。然后对材料进行辨识,去粗存精,去伪存真,并对其已有成果追溯,明晰其知识谱系,做到胸有成竹。之后便是集中支撑观点的材料,"弱水三千,只取一瓢饮",再对其深入、反复、比较阅读,并在这一阅读过程

---

① 周建武.论证有效性分析:逻辑与批判性写作指南[M].北京:清华大学出版社,2016:134.

② 董毓.批判性思维原理和方法:走向新的认知和实践[M].北京:高等教育出版社,2010:398.

中切入批判性思维。除观点外,文章的论据如何选取和组织,是否充分恰当;论证过程如何展开的,具体方法运用是否最贴切,逻辑是否缜密,层次是否丰富等,这些都是阅读中需要完成的重要任务。

二是勤写。凡训练必要一定的数量,数量自然要靠勤劳铸就。笔耕不辍就像运动员不停止训练一样,需要用勤奋来积累能量,提高水平,从而完成爆发和飞跃。俄国著名作家果戈理说:"写作的人像画家不应该停止画笔一样,也是不应该停止笔头的。随便他写什么,必须每天写,要紧的是叫手学会完全服从思想。"①我国当代著名作家叶兆言也曾说过:"如果要成为职业作家,要进入这个行当,进这个'门',必须得有一百万字来打底,这是个量变的过程,必须得这样,才能发现自己到底具备不具备这个才能。"②熟能生巧,"巧"都是从最辛勤、最笨拙的枯燥训练中质变而来的。勤写不只是让语感更敏捷到位,更是训练思维广度和深度的有效方式。在不断写作的过程中,思维有如流水不腐、户枢不蠹,永远保持着活跃状态。

三是深思。"心之官则思",思维是人类最优越的特权,是人类最大的乐趣,是人生高贵的价值。苏格拉底有句名言:"未经省察的人生没有价值。"③"省察"有反省体察的意思,体现了一定程度的批判性思维。亚里士多德也说:"人生最终的价值在于觉醒和思考的能力,而不只在于生存。"④唯有思维的正确应用,才是决定文章是否深刻有力的关键性因素。

学思融合是写作的不二法门,思得深,方能写得好。学是积累,是思的基础。思是转化,是学的提炼和升华。《文心雕龙》云:"是以陶钧文思,贵在虚静,疏瀹五藏,澡雪精神。积学以储宝,酌理以富才,研阅以穷照,驯致以怿辞。"⑤意在笔先,思驰写前,唯有先将思路理好,表达才能顺畅惬理。正如法国博物学家、作家布封所言:"为了写得好,必须充分地掌握题材,必须对题材有足够的思索,以便清楚地看出思想的层次,把思想构成一个连贯体,一个连续不断的链条。"⑥

写作需要批判性思维所具备的勇敢、坚定、理性和创新等品质。美国批判性思维专家彼得·范西昂说:"批判性思维是大胆质疑而非愤世嫉俗,是思想开放而非举棋不定,是分析批判而非吹毛求疵。批判性的思考果断但不固执,评价但不苛责,有力但不武断。"⑦我们的写作训练目的,正是要和这种描述一致。明代谢榛《四溟诗话》中说:"赋诗要有英雄气象。人不敢道,我则道之;人不肯为,我则为之。"⑧作诗与作文皆出一理,写作要敢于冲破陈言旧意,写出个性和气概来。清代郑板桥有名联:"删繁就简三秋树,领异标新二月

---

① 梁适.中外名言分类大辞典[M].上海:复旦大学出版社,1997:787.

② 叶兆言.《朔方》卷首语[J].朔方,2019(2):1.

③ 柏拉图.游叙弗伦 苏格拉底的申辩 克力同[M].北京:商务印书馆,2017:63.

④ 华之甫.人生格言分类大辞典[M].上海:汉语大词典出版社,2004:101.

⑤ 周振甫.文心雕龙选译[M].南京:凤凰出版社,2017:85.

⑥ 王确.西方文论选读[M].长春:东北师范大学出版社,2004:80.

⑦ 彼得·范西昂.批判性思维:它是什么,为何重要?[J].都建颖,李琼,译.仲海霞,校.工业和信息化教育,2015(7):26.

⑧ 韩湖初,陈良远.古代文论名篇选读[M].北京:中国书籍出版社,1998:388.

花。"[①]"删繁就简"是一种分析后的果断,"领异标新"则是质疑后的创新,可见优秀的作家总会有思想的深拓和批判的自觉。

多改。古人常用"文不加点"来形容思维的敏捷和写作技法的成熟,这种理想的状态绝大多数情况下是可望而不可即的。好文章是改出来的,每一次修改不只是文辞的精炼,还有完善思维的成分在内。严肃的写作者要改到自己满意时,方肯示人。清代性灵派诗人袁枚在《遣兴六首》(其五)中幽默地写道:"爱好由来落笔难,一诗千改始心安。阿婆还是初笄女,头未梳成不许看。"[②]有的作家不只是自己苦思修改,有时还请别人参考修改。如《颜氏家训》所云:"学为文章,先谋亲友,得其评裁,知可施行,然后出手。"[③]在具体如何修改上,每个人的性格和习惯不同,自然是八仙过海,各显神通。不过,我们认为英国作家马杰里·阿林厄姆的做法符合思维的内在规律,具有很强的借鉴意义。他说:"每一段我都写了四次:一次是写下我想说的话,一次是添入我所遗漏的,一次是删去不必要的,再一次是把全文精炼,有如我才想到的一样。"[④]先是求全思维,将想到的都写完;再则是求简思维,不断让言和意精炼化,去尽陈言常谈;剩下的当然是能给人耳目一新感觉的文辞和思想了。

## 第五节　本教材内容编排与使用建议

大学写作课在浙江农林大学经过两年多的实践,在借鉴国际、国内高校成果的基础上,逐渐形成了话题引入—阅读求证—讨论聚焦—形成主题—逻辑论证—形成初稿—讨论切磋—修改完善—规范成文的相对固定教学模式。基于实际教学的经验总结和指导未来的需要,侧重应用性和可操作性,教材大致按照写作的过程来组织章节。除"绪论"外,教材共分为九章。

第一章"观察与思考"。揭示生活是写作的源泉。培养学生感受生活的情怀,思考生活的理性。在感悟中根据兴趣进行自我定位,切入写作视角,培养问题意识,养成观察和勤于写作的习惯。

第二章"深度和有效阅读"。引导学生在老师的指导下,就某一主题进行资料搜集,在实践中掌握搜集资料和正确阅读的方法,逐步形成自己的阅读体系。就搜集到的材料进行定向阅读和批判性阅读,对材料进行分类,揭示其中的关联性,并逐渐聚焦。

第三章"寻找和展开话题"。在深度阅读和生活感悟的基础上,寻觅感兴趣且有价值的话题,在交流中捕捉话题,形成问题,在对问题进行批判性分析中提炼和拓展主题。

第四章"批判性思维与写作"。专题研究批判性思维的概念与历史,总结其特征,归纳其思维方法,分析其展现形态,最后用例证的方式剖析批判性思维在写作过程中的具体

① 孟繁锦.清联三百副[M].北京:蓝天出版社,2009:78.
② 李灵年,李泽平.袁枚诗文选译[M].成都:巴蜀书社,1990:138.
③ 叶玉良.颜氏家训[M].长沙:岳麓书社,2016:139.
④ 陆珊瑛.外国智人妙语[M].2版.上海:上海社会科学院出版社,1998:532.

运用。

第五章“逻辑与说理论证”。专题研究逻辑的构成要素及逻辑的展开模式,进而分析论证中的逻辑方法使用。

第六章“组织内容成初稿”。进入具体的写作过程。探讨如何撰写主题句,如何进行结构布局,准确表达需要注意的问题和方法,撰写摘要和关键词的注意事项,掌握学术论文格式规范的训练要领等。

第七章“修改完善”。研讨在初稿形成后,如何在逻辑谬误、论据、语言、文面形式等方面进行具体修改和推敲,以使文章质量和形式臻于完善。

第八章“文章的评价”。在几经修改定稿后,牵涉到文章评价问题。本章论述了评价的重要性、功能与分类,接着从教师评价、学生自评与同伴互评三个方面,分析了评价的标准、角度和方法。

第九章“学术规范和知识产权”。从法律和法规的角度,了解学术诚信、学术规范、知识产权等内容,从正反两方面明确相关规定,以示遵守规范和保护知识产权的重要性、必要性和迫切性。

本教材的编写者大都是大学写作课的授课教师,许多话题和例子都是他们课堂的总结,或者是备课资料,仅供参考之用。话题的寻找与变换,需要教师根据时代的发展、学校的性质和教师学术背景、兴趣专长等实际情况来选择和把控。扎实和有效地进行讨论和训练,这是教材编写的初心;提升思维品质和写作能力,这是教材编写的使命。不忘初心和使命,教材的使用就能紧扣核心,灵活自如。大学写作课教学改革方兴未艾,有许多未开发的处女地,还有大量的工作要做。我们十分愿意与国内外同行一道,为推动本课程与时代同行,不断向纵深发展而努力。

## 思考与练习

1. 你认为国外写作教学中有哪些地方值得借鉴?你感触最深的是什么?
2. 结合课外查找的资料,试对清华大学写作与沟通课程发表评论。
3. 你平时写作的步骤是什么?感觉最难的是什么?有没有想过解决办法?
4. 结合教材和你所掌握的知识,谈谈对“学与思”关系的理解。

第一章

# 观察与思考

思想上的努力，正如可以长出大树的种子一般，在眼睛里是看不见的。但，人类社会生活的明显的变化正发生于其中。

——[俄]列夫·托尔斯泰

在任何一个成功的后面都有着十五年到二十年的生活经验，都有着丰富的生活经验，要是没有这些经验，任何才思敏捷恐怕也不会有，而且在这里，恐怕任何天才也都无济于事。

——[俄]巴甫连科

生活不是局限于人类追求自己的实际目标所进行的日常行动，而是显示了人类参加到一种宇宙韵律中来，这种韵律以形形色色的方式证明其自身的存在。

——[印]泰戈尔

感到自己是人们所需要的和亲近的人——这是生活最大的享受，最高的喜悦。这是真理，不要忘记这个真理，它会给你们无限的幸福。

——[俄]高尔基

别虚掷你的一寸光阴吧，别去听无聊的话，别试图补救无望的过失，别在愚昧、平庸和猥琐的事上消磨你的生命，这些东西都是我们这个时代病态的目标和虚假的理想。生活吧！过属于你的奇妙的生活！点滴都别浪费。

——[英]奥斯卡·王尔德

## 课前思考

1. 写作的素材从哪里来？
2. 如何在平常的生活中观察并留心有意思的问题？
3. 当一个合格的写作者，应该需要进行哪些方面的训练？

# 第一节　观察生活

## 一、写作的困难

平时和大学生聊天，问起对写作的看法，不少同学都流露出畏难的情绪。

问他们难在哪里？回答大多集中在两点：一是不知写什么好；二是不知该怎么写。

其实也不独是现在的大学生这样，文章难写似乎是一个由来已久、亘古不变的话题。民国时期的一名中学教员就曾经在中学国文课堂中布置过这样的一个题目："作文难，难在何处？"当时学生在作文里，提出15种作文的困难[①]。

1. 学识不足。
2. 起头难。
3. 结尾难。
4. 不懂怎样结构。
5. 缺乏材料。
6. 错字、别字。
7. 没有写作兴趣。
8. 缺乏思想。
9. 经验不足。
10. 题目不合心意。
11. 有意思写不出来。
12. 不能专心。
13. 时间不足。
14. 不明白作文方法。
15. 不会修改。

---

① 姜建邦.国文趣味[M].北京：当代中国出版社，2014：99.

如今来看民国时期中学生列出的这15种所谓的作文的困难,在现在的大学写作教学中,仍然可以遇到。这说明困扰学生写作的一些难题,的确具有一定的代表性。

综合来看,上述关于写作的难题,可以归纳为这几个方面:第一关乎写作的修养;第二与写作材料有关;第三涉及写作的技巧;第四则是写作的环境问题。其余一些比较细节的问题,相对而言可以忽略。

这诸多问题之中,尤其严重的是"写作的材料"。这里面包括学识、思想、经验、观察、想象、灵感等各方面,而写作的材料,在整个写作中占据第一重要的地位。其余几个问题,像开头、结尾、布局、修辞、表现等,不过是写作技巧而已。另如写作的环境问题,其实是容易控制的,而写作的修养,则需要一个长期积累的过程,不可能一蹴而就。

因此,关于写作的材料和写作的技巧,就和时下大学生所感慨的一样,成为阻碍学生提高写作能力的两座大山。

这其实也是所有写作者通常会遇到的难题,无人可以例外。具体分析起来,关于写作的材料问题其实就是如何寻找选题(话题)。写作的技巧问题略为复杂一些,又涉及两个方面:一是如何搜集整理资料(素材);二是如何谋篇布局、遣词造句(行文)。

## 二、解决的方法

### (一)关于写作的材料

先来回答第一个问题,如何寻找写作的材料。

寻找选题,看起来似乎很难,宛如在茫茫大海之中捞针。但其实,只要做个有心人,在生活中注意留心观察,选题无处不在。

举两个例子。有一个学考古的朋友,毕业后分配到博物馆工作,一开始是在博物馆展厅做讲解员。这个工作初时看来枯燥无趣,但时日一久,他每天与展厅中陈列的文物打交道,仔细观察之后,慢慢就发现一些问题了。

这个展厅展出的是河姆渡文化的考古发掘品。河姆渡遗址1973年首先发现于浙江宁波余姚的河姆渡村,距今已有约7000年历史,是长江下游地区一处古老多姿的新石器时代文化遗址,后来还被写进了中小学教科书。

黑陶器是河姆渡文化的一大特色。当时展厅中有一件命名为"鱼藻纹盆"的黑陶器皿,敞口深腹,环耳平底,陶盆腹壁两侧,都刻画有一组动植物形象图案。在遗址考古发掘报告中,将这组动植物图案解释为"一组鱼藻纹和一组凤鸟纹",并因此将这件黑陶盆命名为"鱼藻纹盆",沿用至今。①

但这位学考古的朋友在天天观察这件黑陶器之后,慢慢产生了疑窦。

其一,在黑陶盆的两侧分别刻画有一组相对的动物纹样,造型几乎一模一样,但在黑

① 浙江省文物管理委员会.河姆渡遗址第一期发掘报告[J].考古学报,1978(1):39-113.

陶盆的一面中间刻画有一株植物纹样，就将其释读为“鱼藻纹”，另一面没有植物纹（中间只有一个宛如屋顶的刻纹），那组动物纹就被释读为“凤鸟纹”，这就造成了矛盾。

其二，在对陶盆两面刻画的动物纹样做仔细观察比较之后，这位学考古的朋友更是得出了与之前截然不同的推论：黑陶盆两面刻画的动物纹样应该都是鸟纹而不是鱼纹（从造型分析，“鱼”身上刻有“个”纹，应为变异的鸟羽而非鱼鳞；一般鱼尾应是剪式二歧，而此“鱼”尾却呈羽毛状五歧；鱼一般是没有脚的，而此“鱼”纹下却有“个”形的脚爪）。而黑陶盆两面中间刻画的纹样，也有了另外的解读：那株植物纹，明显是禾本科植物，释读为“藻”（水草）不确，应当是稻禾（河姆渡遗址中另出土有一件黑陶“稻穗纹盆”，纹样与此相类），另一处如弯穹般屋顶的纹样，则可能代表某种祭祀的场所。

基于这样的推理，再结合河姆渡遗址中大量与鸟相关的出土文物（如双鸟朝阳纹牙雕、双鸟纹骨匕、鸟形牙雕匕等），可以看出史前河姆渡先民对鸟似乎有种特别喜爱的感情，而遗址中大量人工栽培稻谷遗存的发现，又从另一个侧面提供了重要的信息：鸟纹与稻禾纹的组合，不会是纯粹的装饰性纹样，而极可能是某种“有意味的形式”，寓意要比我们想象的丰富、深刻得多。

这位朋友由此对这个选题产生了浓厚的兴趣，在大量搜集资料、详细论证之后，撰写了一篇相关论文，并很快发表。文中提出的史前人类“鸟图腾”与原始农业崇拜的观点，在当时的学术界还产生了一定的影响。

上述这个论文选题的由来，看似非常偶然，其实就是仔细观察和思考的结果。

还有一个案例，则是笔者亲身经历。有一年去黄山旅游，在鳌鱼峰下看到石壁上有“大块文章”四字摩崖，刻于民国三十六年（1947年），作者为邹鲁①。看到“大块文章”四字，第一反应应是出典于唐代大诗人李白的《春夜宴从弟桃李园序》，其中有“况阳春召我以烟景，大块假我以文章”之句。②通常的解释，“大块”是指大地，“文章”则指错杂的色彩、花纹，引申为“锦绣”之意。“大块文章”意指大自然如锦绣般的美好景色。

但当时在这块摩崖石刻旁边看到一块石碑，是黄山风景管理区委员会立的，对“大块文章”四字则有另外的解释：黄山是世界地质公园，以中生代花岗岩地貌为特征，“大块文章”四字题刻是赞美黄山岩石奇伟幻险，丰姿卓绝，如同古代服饰上的斑斓花纹色彩一般。

笔者当时看到这样的解读，颇有些不以为然。一个民国时期的人，未必懂得地质学的原理，他又如何知道几十年后黄山会被评为“世界地质公园”？这样的解释，是典型的以“今人今语”套“古人古事”了。游山归来，恰好有杂志来约稿谈文旅结合的话题，笔者就以此为题，写了一篇相关的科普文章。这个题材，似乎也是信手拈来。

当然前提是，你首先要对摩崖石刻的来历、引用诗文的出典有一定的了解，否则就算话题放在你面前，你也无从着手。

反之，如果一个作者对生活缺少观察，常识储备不够，贸然动笔，往往就会贻笑大方。

---

① 邹鲁（1885—1954年），广东大埔人，民国时期著名政治家，革命党人，曾任中山大学首任校长。

② 李白.李白集校注（全四册）[M].瞿蜕园，朱金城，校注.上海：上海古籍出版社，1980：1590.

有一位研究美学的作家,曾在文章中提到陕北的腰鼓,文中有“在陕北,看到插秧以前的黄土地特别难过”,“陕北老农绑着大红腰带打腰鼓,在呼唤天地说给我们下一点雨吧,不然就活不下去了”之类的语句。这里就至少犯了两个常识错误。其一,插秧是南方水田种水稻的专用语,唐代高适《广陵别郑处士》诗中就有“溪水堪垂钓,江田耐插秧”[①],陕北缺水干旱的高原是不可能种植水稻的。这就是因为对中国地理常识不了解,有些信口开河了。其二,文中提到的腰鼓,就是名震天下的陕北安塞腰鼓,它被称为“天下第一鼓”,最早是在抵御外族入侵时作击鼓报警、传递情报之用,发展到后来,又作军旅鼓舞士气时击鼓助威,或胜利之后庆功之用。随着岁月流逝,传入民间,成为百姓欢庆丰收之舞。频密的击鼓声、强悍的步伐、变幻的阵势、雄壮的呐喊,尽现男子汉阳刚之美。整个舞蹈热烈、奔放、欢欣、喜悦,与我们印象中哀哀戚戚的祈雨仪式毫不相干。更重要的是,跳安塞腰鼓是个非常累人的体力活,基本上都是青壮年为之,“陕北老农民”是根本吃不消的。从这个反面例子可以得知,如果离开常识,想当然地抒情阐发,是绝对不行的。个人出洋相还在其次,弄不好还要以讹传讹,误人子弟。

由此可见,要想写好文章,除了要有娴熟的技巧、丰富的辞藻、华丽的文采,更重要的是要有深厚的学识支撑,而这些学识的来源,除了阅读,就来自对生活的观察与思考。

**(二)关于写作的技巧**

再来回答第二个问题,即文章该怎么写。

如前所述,这个问题又包含两个方面:一是如何搜集整理资料;二是如何谋篇布局、遣词造句。关于如何谋篇布局、遣词造句,后面会有专章讨论,这里只重点探讨搜集整理资料的话题。

1. 文学创作中的材料搜集

其实写文章材料难找,自古皆然。翻翻中外文学史,我们可以看到一些著名的文人,都是不惜以悠长的岁月、全副的精神,从事于材料的搜集,留下了不少动人的故事。

晋朝文人左思作《齐都赋》,一年方成。作《三都赋》,构思十年,方才脱稿,在写作期间,凡门庭藩溷,皆置纸笔,偶得一句,立刻写下。他这样地用心,无怪文成之日,富豪之家,竞相传写,一时洛阳为之纸贵。

唐代诗人李贺曾骑驴寻诗。每天早晨,骑着一匹瘦驴,命书童背着锦囊,跟在后面。每逢得一诗句,立刻写下来,投到囊里。到晚上回家时,取出整理一下,便成诗一束。

施耐庵写《水浒》,其中梁山的一百〇八条好汉的面目,都先画出来,张贴在壁间,朝夕凝思。经过这一番研究和观察的工夫,所以《水浒》里的人物,都有他们的个性,毫不模糊。

蒲松龄写《聊斋志异》以前,喜欢坐在道旁,遇见人就请他坐下喝茶抽烟,并且讲一个

---

① 《广陵别郑处士》是唐代诗人高适所做诗词之一。高适是我国唐代著名的边塞诗人,世称“高常侍”。《广陵别郑处士》收录于《高常侍集》,诗词描写了碧水垂钓、江田插秧的耕钓生活,胜过羲皇氏时的无忧无虑的闲适生活。

鬼怪的故事。他用这种方法搜集材料，后来整理一番，成就了这本《聊斋志异》。

苏东坡被贬黄州的时候，也喜欢找人谈鬼怪事。人说没有，他便说："姑妄言之。"他把所听到的鬼怪故事，作为写文章的材料。

外国的作家，也有许多搜集材料的故事。

美国作家厄普顿·辛克莱，在写作之前，必定到外面去访问必要的地方，阅读必要的文件，搜集必要的材料。丹麦作家易卜生写剧本的时候，不但研究所要写的角色，并且要研究到角色的祖先。福楼拜的名著《圣安东的诱惑》，花了20年的预备工夫。威尔·杜兰特的名著《哲学的故事》，花了11年的时间搜集材料，用3年的时间写成。

莫泊桑是短篇小说之王。少年时跟福楼拜研究文学，老师命他到街头写100个车夫的姿势。莫泊桑就特意坐在路旁观察各车夫的特点，然后才满意地交了卷。他母亲也告诉他："几时你要写一样东西，一定先要把这样东西观察得十分清楚，然后下笔。"

文章的材料来自哪里？凭空想象、闭门造车显然是行不通的，即便有这样的天才，顶多也只能逞能一时，注定无法长久。事实上，大量的写作素材就来源于我们身边的生活。只要我们做一个有心人，细心地去感受生活、思考生活，相信写作的素材会源源不断、纷至沓来，让你目不暇接、俯拾即是。

说到搜集写作的素材，还有一个非常生动的例子。中国作协副主席、著名作家叶辛在20世纪80年代曾经出版了一本非常轰动的长篇小说《蹉跎岁月》，这也是他的成名作。《蹉跎岁月》是一部通过对知识青年生活和爱情的描写，竭力鞭挞反动血统论的小说。主人公柯碧舟命运多舛，难展宏图，但又不甘心随波逐流，更不愿颓废堕落，那么如何来打发枯燥乏味的日子呢？女主人公杜见春向他建议，应该积极地写作，充分发挥自己的特长。柯碧舟听了她的建议，开始了新的努力。

> 他把湖边寨几十户人家的情况，按照宅基地的顺序，记在本子里：这家的老人过去干什么，哪一家的老辈子租种过谁的地，小辈们又组成了哪些家庭，张三家里是能干的媳妇在当家，李四家还是公公管着财权，王五家的屋基为啥会延伸出来，赵六家为什么突然间闹起了分屋，甚至每户人家，各有哪些细娃嫩崽，他都不分巨细往本子上记。
>
> 作家下农村体验生活，要去各家各户串门，和农民交朋友，经过一段同吃、同住、同劳动的时间，才会逐渐熟悉村寨的干部和社员。即使在村寨上住久了，农民们也不一定把内心话儿都掏出来告诉你，因为你是外来人，不知道你的目的，他们害怕说错了话挨整。你再和蔼可亲，平易近人，村寨上的懒汉、油子、专赶"流流场"[①]做买卖赚钱的农民，也会对你敬而远之。他们不可能告诉你黑市上的价格，做生意的诀窍，偷懒耍奸的花招儿。
>
> 插队落户的柯碧舟和杜见春就不同了。他俩在湖边寨好几年了，整天和社

① 流流场，贵州当地民俗，即逢一定的日子举行的市集。

员们一道劳动，一样挣工分吃饭，社员们认为他们和自己是一样的人。好些知道两人家庭出身的社员，甚至认为他俩比自己还差些。社员们对他俩根本没啥戒心。工间歇气时，坐在火塘边摆龙门阵；赶场路上，开会前闲聊天，出工劳动中，社员们随时都会告诉他们，谁家的老人解放前苦得买不起盐巴，谁家的老大和老二不合，谁家的姑娘相中了哪个小伙，谁做主意赚了一大笔钱。只要湖边寨发生的事情，他们都能知道得详详细细。

日子长了，柯碧舟的札记本上，学习创作所需要的素材越来越丰富了。他的本子上有寨邻乡亲们的家谱，有老少男女社员的经历、性格，有这些人说话时的神情、姿态、手势，还有各种山寨农民常说的俗话、农谚、口头禅、歇后语。社员们互相揶揄时的俏皮诙谐，开玩笑时的风趣幽默，吵架时骂人诅咒的污言秽语，老人们常爱讲的一些带着格言味的警句，都上了柯碧舟的本子。甚至旧社会里办丧事唱的孝歌词，私塾先生教的《增广贤文》，算命先生嘴巴里叨叨的口诀，赌钱哥儿哼的小调，柯碧舟也留心记录了下来。①

这种看上去没啥意义的搜集素材，给正在学习写作的柯碧舟以极大的帮助。当从邵大山嘴里无意中听到了一个清匪反霸时期的故事以后，长时期的积累起了作用，柯碧舟只花了十个晚上，就写成了一篇四五万字的儿童中篇小说。

叶辛在小说《蹉跎岁月》中创造的柯碧舟这个人物，有着作者自己的影子。他生平发表的第一部文学作品叫《高高的苗岭》，正是一部儿童题材的长篇小说，小说中提到的事情，其实正是他自己的例子。由此可见，留心从生活中搜集素材，对于创作何其重要。

2. 学理性写作中的材料搜集

其实不光是文学创作如此，从事严谨的学理性写作，搜集材料同样至关重要。

笔者曾经读到过一篇获得学校当年优秀研究生论文的文章，从这篇文章的写作经过，可以了解到搜集资料对于论文写作的重要性。

这篇论文的选题是“文物中的鸟形纹样在平面设计中的应用研究”。②作者是学视觉传达出身，她在开始读研时，看了著名美学家李泽厚先生的名著《美的历程》一书。在阅读中，她发现一个有趣的现象：在中国艺术考古史上，有不少文物都与鸟形纹样有关。从七八千年前的新石器时代的陶器、骨器、象牙器，到春秋战国时期的青铜鸟篆铭文，乃至明清时期青花瓷器上的装饰花纹，鸟纹的主题绵延不绝。与此相映成趣的是，在当下的视觉传达设计中，鸟的形象似乎也无处不在，比如各大航空公司的标志、不少高校的校徽，以及一些商品的商标及广告等。有了这样的对比研究，问题就出来了。

其一，为什么在中国古代文物中，会有这么多的鸟形纹样？它反映了史前人类（包括历史上的古人）怎样的审美意趣和信仰崇拜？

---

① 叶辛.蹉跎岁月[M].北京：中国青年出版社，1981：485-487.

② 尤含悦.文物中的鸟形纹样在平面设计中的应用研究[D].杭州：浙江农林大学，2018.

其二，为什么到了现代，仍然有这样多的平面设计作品会沿用鸟的形象，又寄托了当代人怎样的哲学思考和文化考量？

其三，在古与今的对话中，会发现当代人在鸟形纹样的继承和发展上，有着怎样的突破或者说局限？

其四，在今后的平面设计中，鸟形纹样还可以有怎样的发展路径？

这样的逻辑思路，如同抽丝剥茧，层层递进，异常清晰。一篇结构完美的研究生毕业论文就这样新鲜出炉了。

在这篇论文最后，这位同学附上了她花费将近一年时间收集的相关资料，这些资料的厚度甚至超过了论文本身。首先是古代文物中的鸟纹形象：河姆渡文化双鸟朝阳纹牙雕、双鸟纹骨匕、鸟形骨匕，良渚文化玉鸟、玉璧上的鸟纹，新石器时代鹳鱼石斧纹陶缸上的鸟纹、湖北石家河文化凤形玉佩、山东龙山文化青玉鹰攫人面佩、仰韶文化彩陶鸟纹罐，商代妇好墓出土的青铜鸮尊，西周晋侯鸟尊，春秋战国莲鹤方壶、越王勾践剑（现藏湖北省博物馆）上的鸟虫书铭文"越王勾践，自作用剑"，汉代红绿釉陶鸮壶、彩绘青铜雁鱼缸灯、南朝凤凰画像砖，唐代鎏金鸾鸟纹六曲银盘、鎏金鹦鹉纹提梁银壶……

现代平面设计中的鸟纹形象，以航空公司标志居多，不少航空公司的标志中，都借鉴了鸟的形象，如中国国际航空公司标志中的凤凰，深圳航空公司标志中的大鹏，厦门航空公司标志中的白鹭，东方航空公司标志中的燕子，成都航空公司标志中的太阳鸟，昆明航空公司标志中的凤鸟……不少大学的校徽中也有鸟的形象，如浙江大学校徽中的鹰，吉林大学校徽中的天鹅，上海大学校徽中的鸽子，湖北大学和汕头大学校徽中的凤鸟……至于以鸟为主题的商标，耳熟能详的也有不少，如凤凰牌自行车、飞鸽牌自行车、东鹏特饮、老凤祥金器、凤牌红茶……

正是因为经过周密辛苦的搜集、归纳、整理素材，这篇将历史文物中的鸟纹图案与当下平面设计题材结合的论文就有了详尽的资料支撑，立论也就有了充足的依据。

## 第二节　角色定位

### 一、善于观察与思考

要写好文章，就要会观察生活，做一个有心人，这就需要自己有个清晰的角色定位，即始终将自己定位为一个生活的观察者、思考者。

这里可以举一个大家中学时就读过的文学名篇为例，南朝梁著名文学家吴均的《与朱元思书》。

《与朱元思书》是吴均笔下一篇著名的山水小品，是吴均写给好友朱元思（一作宋元思，字玉山，生平不详）的信中的一个片段，被视为骈文中写景的精品。该文既用人的感受反衬出山水之美，也抒发了对功名利禄的鄙弃，对官场政务的厌倦，含蓄地流露出爱慕美好的大自然，避世退隐的高洁志趣。

文中写景的精华片段如下。

> 风烟俱净，天山共色。从流飘荡，任意东西。自富阳至桐庐，一百许里，奇山异水，天下独绝。水皆缥碧，千丈见底。游鱼细石，直视无碍。急湍甚箭，猛浪若奔。夹岸高山，皆生寒树。负势竞上，互相轩邈；争高直指，千百成峰。泉水激石，泠泠作响；好鸟相鸣，嘤嘤成韵。蝉则千转不穷，猿则百叫无绝。鸢飞戾天者，望峰息心；经纶世务者，窥谷忘反。横柯上蔽，在昼犹昏；疏条交映，有时见日。①

吴均笔下描写的是笔者故乡富春江和桐庐江的景致，所有亲身到过三江两岸，亲眼见识过那里的奇景的人，都会由衷地感慨，怎么会把景致描绘得如此真切而又优美？完全可以这样说，如果吴均没有来过富春江，没有对当地景致有过细致入微的观察，纵有如椽妙笔也写不出这样的文字。

当然，大学的写作，主要是学理性写作，跟一般的文学性写作又有所不同。学理性写作，可能更看重对选题的搜集、观点的论证及行文的逻辑，但同样离不开对生活的仔细观察和缜密思考。

一般而言，论文的选题要求新颖独特，不人云亦云，这看似很难做到。寻找选题的一个重要步骤是要善于观察思考。在看似平常的事件中，找出内在联系，发现问题，思考问题，并提出解决问题的方案。这个就是我们常说的“问题意识”的培养。

何谓问题意识？问题意识是指思维的问题性心理，在人的认知中经常会遇到一些不明白的问题或者是现象，并且通常会产生疑问、探求的心理状态。过去我们习惯了填鸭式的灌输性教育，通常忽略了这种问题意识的训练。

培养问题意识，锻炼辩证思维，对于提升学术能力大有助益。

可以举对一幅名画《唐人宫乐图》主题质疑的事情为例。

《唐人宫乐图》为唐代佚名创作的绢本墨笔画，现藏台北故宫博物院。画原为清宫旧藏，原画无题跋，旧有题签《元人宫乐图》。后沈从文等人从画中人物的服装、妆饰、家具、器皿等诸方面考证，认为应该是中晚唐的风格，故改为《唐人宫乐图》。

对《唐人宫乐图》的主题，通常的解释是唐代宫廷仕女饮茶。《唐人中国茶画》一书中，介绍的第一幅茶画就是这幅《唐人宫乐图》。②画面中有一长案，宫廷仕女们围着长案闲坐，每人面前有红色和浅蓝色杯各一，长案上有一个大茶盆和一柄长勺，宫女正把茶汤舀到各人碗里分饮。

这一解释乍一看是说得通的，因为唐代流行的饮茶方式跟我们现在的干茶冲泡法不同，当时流行的是“煮茶法”。

---

① 许梿.六朝文絜译注[M].曹明纲，译注.上海：上海古籍出版社，2019：178-179.

② 裘纪平.中国茶画[M].杭州：浙江摄影出版社，2015：1.

所谓“煮茶法”，就是将茶饼碾碎过罗，用沸水煎煮，还要加进盐来调味。煮好的茶汤，用来分饮。从画面表现的内容看，似乎丝丝入扣，完全合得上，无怪乎几乎所有人都认为这幅画的主题为唐代宫廷仕女饮茶。

但从画中展现的器具来看，结合考古发现和文献记载，将《唐人宫乐图》主题定为“饮茶”值得存疑。因为长案上出现的器具，有许多并不是茶具。

疑点一：桌上的红色杯子，疑为汉代以来流行的酒具“耳杯”。

案上有几个红色椭圆形的杯子，这种器物叫耳杯，是汉代以来就流行的酒具，这在考古学界是有定论的。马王堆汉墓就出土过成套的漆耳杯，内有“君幸酒”的字样。

耳杯多为漆木制，比较轻巧，可浮于水上，故又名羽觞。王羲之兰亭雅集的“曲水流觞”，用的就是这种器物。

疑点二：桌上的浅蓝色杯子，疑为唐代外来的酒具“叵罗”。

除了耳杯，图中长案上还有一种器物，也是椭圆形，口沿像花瓣一样多曲，呈浅蓝色。这种多曲长杯，在考古发掘中也有所见，叫作“叵罗”，是来自西域的专用酒具。如果是用金子为材料制成的，就叫“金叵罗”，更是珍贵的酒器，在唐代诗文中常常可以见到。

关于“叵罗”，文献上多有记载，叵罗是古代饮酒用的一种敞口的浅杯。《北齐书·祖珽传》：“神武宴寮属，于坐失金叵罗，窦泰令饮酒者皆脱帽，于珽髻上得之。”

一说叵罗为粟特人饮葡萄酒专用酒具。粟特人原是生活在中亚阿姆河与锡尔河一带操古中东伊朗语的古老民族，从我国的东汉时期直至宋代，往来活跃在丝绸之路上，以长于经商闻名于欧亚大陆。

粟特人将葡萄酒盛在一种特殊的碗形酒器叵罗中，以金、银、铜等各种不同材质制成，唐岑参诗中有“交河美酒金叵罗”之语，所指就是这种酒器。又李白《对酒》诗中有“蒲萄酒，金叵罗，吴姬十五细马驮”①句。

疑点三：长案正中的大盆和勺子。

画中正中的那个大盆，上面搁着一个长柄竹勺。过去认为是拿勺子从茶盆里面舀茶出来喝。其实这种形制的器物叫作“一樽一勺”，正是从汉代以来一直到中唐时期都流行的饮酒方式，在唐人文献中早有记载。白居易《观稼》诗中就有“田翁逢我喜，默起具樽杓”（“杓”通“勺”）之句。在甘肃嘉峪关魏晋墓中出土的壁画上，也绘有这种“一樽一勺”的图案。

综合以上分析，可以推断：今藏台北故宫博物院的这幅《唐人宫乐图》，其主题并非饮茶而是饮酒。

但遗憾的是，迄今为止，在众多出版的关于中国茶文化的书籍中，仍是几乎无一例外地将《唐人宫乐图》作为中国最早的茶画加以介绍。出现这样的现象，固然可以用某种学界流行的因循旧说的“跟风”之习来解释，但归根结底，还是因为大家都被某种习惯性思维所主导，而缺乏一种敢于较真的批判性思维所致。

---

① 李白.李白集校注（全四册）[M].瞿蜕园，朱金城，校注.上海：上海古籍出版社，1980：1481.

## 二、角色定位与搜集材料

### (一)角色定位

第二节曾经提到的对“鱼藻纹盆”进行研究的学考古的朋友,之所以会选择那个沿用几十年无人异议的“鱼藻纹盆”作为研究主题,原因就在于通过诸多方面资料的查询、比较与分析,对原有的结论产生了某种怀疑。

一旦把自己定位为一个怀疑者,就可以基于怀疑的目光,开始重新思考,并围绕这些思考进一步搜集资料,加以论证。

### (二)搜集材料

以对“鱼藻纹盆”的研究为例,搜集的资料围绕三个方面进行。

第一,搜集吴越地区的远古历史资料。

第二,搜集现代鸟类学研究的资料。

第三,搜集原始宗教崇拜方面与鸟类相关的资料。

1. 搜集吴越地区的远古历史资料

在查阅了大量关于吴越地区远古历史的研究论述之后,有一个重要的发现:从文献记载来看,在吴越地区自古就流传一种“鸟田”神话传说。如东汉王充《论衡》中有记载:“传书言,舜葬于苍梧,象为之耕;禹葬会稽,鸟为之田。”[①]又《越绝书》也记载:“畴粪桑麻,播种五谷,必以手足。大越海滨之民,独以鸟田。”[②]又《吴越春秋》记载:“天美禹德而劳其功,使百鸟还为民田。大小有差,进退有行,一盛一衰,往来有常。”[③]又《水经注》记载:“禹崩于会稽,因而葬之。有鸟来,为之耘,春拔草根,秋啄其秽。”[④]什么是“鸟田”呢?田应做动词解,有“治田”之意,略同于“整田”,指鸟禽觅食践踏后留下的泥泞地,原始人直接用来播种作物的一种原始种植方式。

关于“鸟田”之因,唐代陆龟蒙认为是“圣德感召也”,自不足信,早在东汉王充就对此说表示怀疑,并根据亲身观察,认为“鸟田”其实是一种叫“雁鹄”的候鸟的越冬行为。如《论衡·偶会》载:“雁鹄集于会稽,去避碣石之寒,来遭民田之毕,蹈履民田,啄食草粮,粮尽食索,春雨适作,避热北去,复之碣石。”[⑤]又《论衡·书虚》载:“会稽众鸟所居……鸟自食草,土蹶草尽,若耕田状;壤靡泥易,人随种之。”[⑥]王充是东汉会稽上虞人,其家乡在会稽山东麓,并曾事农桑,他的观察应是可信的。

---

① 王充.论衡校注[M].张宗祥,校注.上海:上海古籍出版社,2010:83.

② 袁康,吴平.越绝书[M].乐祖谋,点校.上海:上海古籍出版社,1985:57.

③ 张觉.吴越春秋校证注疏[M].北京:知识产权出版社,2014:190.

④ 郦道元.水经注[M].浙江:浙江古籍出版社,2013:529.

⑤ 王充.论衡校注[M].张宗祥,校注.上海:上海古籍出版社,2010:51-52.

⑥ 王充.论衡校注[M].张宗祥,校注.上海:上海古籍出版社,2010:83-84.

2. 搜集现代鸟类学研究的资料

王充指出参与“鸟田”的鸟是“雁鹄”，据现代鸟类学分析，雁是鸟纲、雁形目、鸭种，雁亚科各种类的总称，鹄是雁亚种的分属。主食植物的嫩叶、细根、种子，间亦啄食农田谷物，在我国雁形目中绝大多种都是候鸟，也即《禹贡》所谓的“阳鸟”，多在秋季南迁，春季北移。

据现代观察，在今河北省东北部沿海北戴河一带（即古之碣石），每年九、十月有野鸭结群飞过，来至长江中下游及东南沿海一带越冬。南迁的候鸟至翌春北徙，在北戴河及天津一带，初见于二月冰雪初融之时，至三月则多至成千上万只过境。由此可见，现代的观察与王充的记载是相当吻合的。

王充所谓的“雁鹄”，可能仅就大类而言，其实是在长江下游一带越冬的候鸟，据鸟类学家观察有雁、鸭、潜鸭、麻鸭、秋沙鸭等不下30余种水禽。对河姆渡遗址三、四层出土的野生动物遗骨进行的鉴定表明，属于鸟类的有雁、鸭、野鸭、鹭鸶、鹈鹕、鸬鹚等，这在考古实物上是一大力证。[①]再从古地望、古气候方面分析，河姆渡人生活的地区（今宁绍平原一带），在上古时期气候酷热，植被茂密，水草绵延，适于候鸟栖息繁衍。

综上所述，有理由这样推测，“鸟田”是吴越地区史前农业时期确实存在过的一种自然现象，河姆渡时期人们仍享“鸟田”之利，而这件陶盆上一侧刻画的“双鸟相向于稻禾”的图案，很可能是“鸟田”的形象反映。如此，则不妨称其为“鸟田纹盆”。

3. 搜集原始宗教崇拜方面与鸟类相关的资料

如果把这件黑陶盆上的纹样释读为“鸟田纹”，它或许有什么特殊的寓意，应当与原始崇拜有关。其中来自美洲的“图腾崇拜”说就值得关注。

图腾（totem），是个外来语，源自美洲印第安人，原意是记载神的灵魂的载体，是古代原始部落迷信某种自然或有血缘关系的亲属、祖先、保护神等，而用来做本氏族的徽号或象征的某种形象。原始民族对大自然的崇拜是图腾产生的基础。图腾可用来解释神话、古典文献及民俗民风，它是人类历史上最早的一种文化现象。

那河姆渡时期陶盆上刻画的鸟形纹样，会不会也是图腾崇拜的一种反映？

在河姆渡文物中，“鸟”的形象出现很多，有些鸟纹还与太阳纹组合呈现，这就赋予了鸟纹以不同寻常的意义，使之蒙上了一层诡谲神秘的色彩。而事实上，在远古氏族部落中，普遍存在着一种自然崇拜现象，比如太阳崇拜。在这件陶盆的另一侧，刻画有建筑屋顶的图样和太阳纹，可能象征着祭祀的场所。

在各种原始崇拜中，还有一种值得注意的形态就是所谓的农业崇拜。新石器时代原始农业已经开始萌芽，人们种植稻谷作为主要食物来源。而农业崇拜的一个重要对象，就是所谓“有功于部族”的自然物。

在河姆渡人的原始稻作农业生产过程中，候鸟充任了重要的角色。原始农业由于生产力低下，丰歉未卜，仰赖天时，而候鸟能在一定程度上帮助消除虫害和杂草这两大影响

---

① 浙江省博物馆自然组.河姆渡遗址动植物遗存的鉴定研究[N].考古学报，1978(1)：95-107，156-159.

收成的因素,以先民质朴的思维来理解,无异于“神灵之助”,无怪乎河姆渡先民将鸟奉为神祇,视“百鸟佃于泽”为一种祥瑞之兆了。

综上所述,河姆渡人对鸟的崇拜是一种农业崇拜,而此正是后来形成越族鸟图腾崇拜的一个重要因素。这件刻画鸟、稻禾纹的陶盆,则很可能是举行某种特殊祭祀仪式的遗物。

由此可知,在从事写作(尤其是学理性写作)时,时时需要将自己定位为一个怀疑者的角色,用批判性思维贯穿于自己的思考之中,唯有这样,才可能有独立的发现,提出不落窠臼的新见。

## 第三节　善于思考

### 一、思考与质疑

观察生活,体验生活,思考生活,是我们汲取写作素材、写好文章的重要途径。

在动笔写作之前,先要思索一番。想想如何开头,如何收尾,中间写些什么,然后才有完整的作品。历史上曾有初唐四杰之一、《滕王阁序》作者王勃属文时酣饮而卧的故事,其实他在酣饮之后,引被覆面而卧之时,正是他聚精会神从事思索的时候。哲人尼采在写作之前,总是先到外面散步,为的是要在清静的地方思索。有时我们要将思索所得,写下来保存,以备应用。否则到想用时,就忘记得无影无踪了。

善于思考,就不会盲从迷信,而是容易发现问题。

思考的好处,除了提出新颖的见解,形成独特的观点,同时也可以好好谋篇布局,拟定整个文章的框架大纲,让整篇文章与众不同得以出彩。

文章提炼观点是至为重要的。没有观点的文章是没有生命力的。人云亦云,或是见解平庸,不会被人看重。文章一定要有鲜明的观点。如果被人评为“卑之无甚高论”,这个写作一定是失败的。关于这一点,在科技论文(含文科学术论文)的写作中显得尤为重要,观点是文章的灵魂。

写论文一定要有的放矢,拒绝泛泛而论,更不能只是当材料的搬运工,将一大堆材料堆砌起来了事。但是提炼观点并非易事,需要你对某一主题有较深入的了解和思考,在对所掌握的材料充分吸收分辨之后方能产生新的观点。

### 二、提炼观点

一般而言,提炼观点有三种途径。

#### (一)提出新的见解,反驳陈见

这是最佳方案,有新的观点提出,尤其是与学界长期流行的,或者是与大多数人所持观点截然不同,这样的文章容易引起注意,对于学术研究也有新的价值。

这里可举一例。国内一位有名的古玩收藏家，曾在书中介绍一件宋代北方磁州窑收藏的瓷枕，瓷枕上写有诗文，共十字："长江夜送客，狐馆雨流人。"文章中这样解读：这副对联很工整，"长江"对"狐馆"，"夜"对"雨"，"送客"对"流人"。更进一步解释："狐馆"是一个姓狐的老板开的馆，有可能是旅馆，也有可能是酒馆、饭馆，当然也不排除是妓馆。"流人"的"流"应该是个通假字，通"留"，下雨天留客的意思。[①]

这样随意的解读，就犯了非常低级的错误。宋代磁州窑是有名的民窑，因窑工大多没有文化，识字不多，瓷枕上所书诗文很多是照样描摹的，因而错字颇多，这恰恰成为磁州窑产品的一种特色。上文提到的这件瓷枕，"狐馆"其实为"孤馆"之误。"孤馆"在文学史上是个优美的意象，在唐宋诗文中经常可见，如唐代许浑《瓜州留别李诩》诗："孤馆宿时风带雨，远帆归处水连云。"宋代秦观《踏莎行·郴州旅舍》词："可堪孤馆闭春寒，杜鹃声里斜阳暮。"[②]把"孤馆"理解成"狐馆"，就是不了解历史史实的望文生义，因而闹下笑话。同样道理，瓷枕上的题字"雨流人"，其实也是"雨留人"之笔误。

再举关于"器泽陶简"一例。

晋代杜育撰《荈赋》中有"器泽陶简，出自东隅"一语，历代研究中国茶文化者，多有征引，但在对这句话的释读上，大多理解为"精巧亮泽的器皿和简朴素雅的陶器"，包括《中国茶文化大辞典》[③]等词典也是这般收录。这样的理解，存在望文生义之嫌，有重大失误。

古汉语语法与今不同，魏晋骈赋文体更是空疏华丽，时有曲回之笔。"器泽陶简"其实是同义粘连的用法，用现代汉语来表述就是"器陶的泽简"。器、陶可泛指漆器、瓷器、陶器，但在《荈赋》中，当确指瓷质茶具。泽、简在这里是动词，选择的意思，是古文中的假借字。为便行文，详释如下。

泽，通"择"。清代朱骏声《说文通训定声·豫部》记载："泽，假借为择。"[④]如《墨子·迎敌祠》："泽急而奏之"[⑤]，孙诒让《墨子间诂》："言居中者泽急事奏之，'泽'当为'择'。"[⑥]

### （二）认同大多数人观点，但提出新的补充和校正

对旧有的观点提出补充和校正，也是一种新的观点，同样需要新的材料佐证和独到的论证。这里举笔者亲身经历的一事为例。1998年，国际著名的佳士得拍卖行推出一件拍品——《五代吴越国王钱俶草书简》，并认为这恐是"钱王唯一存世手迹"。当时浙江省博物馆曹锦炎副馆长提出异议，认为这件拍品与浙江省博物馆收藏的国家一级文物《吴越国二王批牍》可能有些渊源，或许原本就是同一件作品。后来经上海博物馆居中协调，将这两件文物摆在一起比较，来自国内文物界的专家从纸张、版式、书写风格等方面经仔细比

① 马未都，王春元．马说陶瓷［M］．北京：中国青年出版社，1997：101．
② 秦观．秦观词集［M］．徐培均，导读．上海：上海古籍出版社，2010：63．
③ 朱世英，王镇恒，詹罗九．中国茶文化大辞典［M］．北京：汉语大词典出版社，2002：365－370．
④ 朱骏声．说文通训定声［M］．武汉：武汉古籍书店，1983：469．
⑤ 墨子．墨子［M］．方勇，译注．北京：中华书局，2011：534．
⑥ 孙诒让．墨子间诂［M］．北京：中华书局，2009：576．

对，得出了一致的结论：这两件作品原本应该是一整件长卷，后因故分为两截。作为参与此事的工作人员，笔者当时还写了《六百年钱王手简盼重圆》一文，在《中国文物报》上发表。但20年之后，屡屡在拍卖场上流拍的那件《五代吴越国王钱俶草书简》再次露面，笔者在其著录的资料中发现了新的线索：此卷曾在北宋时被大书法家米芾收藏，并有大量宋人题跋，后由米氏后人转赠钱王后人。由此可知，这两个长卷或许原本应该是一整个长卷，但至少在北宋时，它已是分开的独立的两卷，并由不同的钱王后人保管收藏，其后世的流传履迹也各不相同。为此笔者专门写了《五代吴越国二王手迹札记》一文，对以往专家认为的观点进行了修正和补充。[①]

**（三）对纷纭诸说进行调和折中，提出中立观点**

对学术界有些聚讼纷纭、莫衷一是的选题，在深入了解各家观点之余，进行调和折中，提出中立的看法，也是提炼观点的一种途径。这方面的案例甚多，在此就不一一举例了。

## 第四节　写作“四多”

要写好文章，需要做到以下“四多”。

### 一、多读书

关于读书的好处，古今中外，前人讲得已经够多，今天我们仅从有利写作的角度切入，谈谈读书的重要性。要想写好文章，一定要多读书。否则胸无点墨，写出来当然乏善可陈。书籍是前人经验的记录，是搜集材料的捷径。每个有名的作家，都是读破万卷书的。不学无术的人，不会产生优美的作品。杜甫有句话说：“读书破万卷，下笔如有神。”[②]俗话说：“熟读唐诗三百首，不会作诗也会吟。”文学家孙伏园也说：“书是前人经验的账簿，查阅起来，当然可以得到许多东西。”

古今有名的文章，你如果能多看多读，它的结构、它的作风、它的字句上的技巧及思想的路径等，才能体会得到，对你写作有很大的帮助。

英国人柯理欧曾言：“书是青年人的指导良师，是老年人的消遣妙品。在我们冷静的时候，他陪伴我们，使我们忘记人生的痛苦，忘记我们的情感，使我们不幸的事件睡去，当我们感到生活枯燥乏味的时候，可以从那些去世的作家那里追求安慰。”

英国哲学家、作家培根，对于读书的好处也有妙论。在其所著《培根随笔》中，他竭力倡导：“读史使人明智，读诗使人聪慧，数学使人精密，哲理使人深刻，伦理学使人有修养，逻辑修辞使人善辩。”在《论读书》一章中，有以下的表述。

---

① 周新华.五代吴越国二王手迹札记[C]//吴越国史迹学术研讨会文集.北京：中国文史出版社，2019：365-370.

② 杜甫.杜甫诗选[M].扬州：广陵书社，2019：10.

读书足以怡情，足以博彩，足以长才。其怡情也，最见于独处幽居之时；其博彩也，最见于高谈阔论之中；其长才也，最见于处世判事之际。练达之士虽能分别处理细事或一一判别枝节，然纵观统筹、全局策划，则舍好学深思者莫属。

读书费时过多易惰，文采藻饰太盛则矫，全凭条文断事乃学究故态。读书补天然之不足，经验又补读书之不足，盖天生才干犹如自然花草，读书然后知如何修剪移接；而书中所示，如不以经验范之，则又大而无当。

有一技之长者鄙读书，无知者羡读书，唯明智之士用读书，然书并不以用处告人，用书之智不在书中，而在书外，全凭观察得之。读书时不可存心诘难作者，不可尽信书上所言，亦不可只为寻章摘句，而应推敲细思。

书有可浅尝者，有可吞食者，少数则须咀嚼消化。换言之，有只须读其部分者，有只须大体涉猎者，少数则须全读，读时须全神贯注，孜孜不倦。书亦可请人代读，取其所作摘要，但只限题材较次或价值不高者，否则书经提炼犹如水经蒸馏、淡而无味矣。

读书使人充实，讨论使人机智，笔记使人准确。因此不常做笔记者须记忆特强，不常讨论者须天生聪颖，不常读书者须欺世有术，始能无知而显有知。

……①

中国古代也流传下不少苦读故事。

史籍记载，在中国古代，有不少人感到读书的乐趣，虽然经历许多困难，仍不灰心，矢志苦读。比较著名的事件有车胤囊萤、孙康映雪、匡衡凿壁、苏秦刺股、孙敬悬梁、董仲舒三年目不窥园等，“囊萤映雪”“凿壁偷光”“悬梁刺股”等成语即出典于此。

“车胤囊萤”事见《晋书·车胤传》：“胤，博学多通，家贫不常得油，夏夜以练囊盛数十萤火虫以照书。”②

“孙康映雪”事见《艺术类聚·卷二》：“孙康家贫，常映雪读书。”③

“匡衡凿壁”事见《西京杂记·卷二》：“匡衡勤学而无烛，邻舍有烛而不逮，衡乃穿壁引其光，以书映光而读之。”④

“苏秦刺股”事见西汉·刘向《战国策·秦策一》：“（苏秦）读书欲睡，引锥自刺其股，血流至足。”⑤

“孙敬悬梁”事见东汉·班固《汉书》：“孙敬，字文宝，好学，晨夕不休。及至眠睡疲寝，

① 培根．培根随笔[M]．吕敬伟，编译．北京：北京工业大学出版社，2014：6-7.

② 上海古籍出版社，上海书店．二十五史·晋书[M]．上海：上海古籍出版社，1987：1498.

③ 欧阳询．艺文类聚[M]．上海：上海古籍出版社，1982：23.

④ 刘歆，等．西京杂记（外五种）[M]．王根林，校点．上海：上海古籍出版社，2012：19.

⑤ 刘向．战国策[M]．上海：上海古籍出版社，2015：51.

以绳系头,悬屋梁。”[①]

“三年目不窥园”事见《汉书》:“盖三年不窥园,其精如此。”[②]颜师古注:“虽有园圃,不窥视之,言专学也。”

宋代大文学家司马光苦读的警枕故事也为人传颂。相传,宋代史学家司马光著《资治通鉴》时,天天秉烛到深夜,凌晨又伏案提笔,十九年如一日。他怕因困乏睡过了头,就睡在一个光滑的圆木枕上,只要一翻身,头便落枕,即被惊醒,继续伏案,故名曰“警枕”。

许多文人都是从阅读中训练出写作的兴趣。他们并不是为了要做文学家而读书,而是感觉到读书的乐趣,所以欲罢不能。最终成了著名的文学家。

多读书,最大的好处,是让我们有可以成为一个视野宽广、学养丰富、见识通达的人。而一旦成为这样的人,写作成为易事就不是梦想了。

读书的兴趣要广泛。古有“博闻强志”“旁征博引”诸词,是指人的阅读广泛,知识面广博,这对于写作极有好处。读书,不仅仅要读专业书,还要读专业以外的书,以开拓自己的学术视野。不光读文学书籍,也要读历史、哲学等方面的书籍,让自己的思想变得厚重。做一个博览群书的人,开卷有益,下笔有料。

## 二、多游历

古人曾言:“读万卷书,行万里路。”清代张潮曾言:“文章是案头之山水,山水是地上之文章。”[③]要想写好文章,首先要让自己成为一个见多识广的人。而要增广自己的见闻,除了读书,要还善于旅行,多看外面的世界。

在游历时,多用眼睛观察、用耳朵倾听。

据心理学家的研究,我们一生的知识至少有75%是由视觉得来的。眼睛对于阅读、写作有很大的帮助。记叙事物,必须靠观察;抒写情景,也必须靠观察。古人常说文人要多游名山大川,打开自己的胸襟,这就是说要多多观察。观察得多,作文就不枯窘;观察得精,作文就不肤浅。

多多倾听,对于写作也助益良多。中国古人说好文章要写得“有声有色”。有色是靠眼睛,有声是靠耳朵。天地间森罗万象,有时要用眼看,有时要用耳听。譬如欧阳修的《秋声赋》,便对“声”进行了极佳的描写。

> 欧阳子方夜读书,闻有声自西南来者,悚然而听之,曰:“异哉!”初淅沥以萧飒,忽奔腾而砰湃,如波涛夜惊,风雨骤至。其触于物也,鏦鏦铮铮,金铁皆鸣;又如赴敌之兵,衔枚疾走,不闻号令,但闻人马之行声。予谓童子:“此何声也?汝出视之。”童子曰:“星月皎洁,明河在天,四无人声,声在树间。”[④]

---

① 班固.前汉书[M].颜师古,注.北京:中华书局,1998:827.

② 班固.前汉书[M].颜师古,注.北京:中华书局,1998:827.

③ 张潮.幽梦影[M].北京:知识出版社,2015:81.

④ 欧阳修.欧阳修诗文集校笺[M].洪本健,校注.上海:上海古籍出版社,2009:477-480.

这种描写完全是靠耳朵的。另一个经典的例子是唐代诗人白居易的《琵琶行》,其中也有大量对声音的描写。

> 大弦嘈嘈如急雨,小弦切切如私语。嘈嘈切切错杂弹,大珠小珠落玉盘。间关莺语花底滑,幽咽泉流冰下难。冰泉冷涩弦凝绝,凝绝不通声暂歇。别有幽愁暗恨生,此时无声胜有声。银瓶乍破水浆迸,铁骑突出刀枪鸣。曲终收拨当心画,四弦一声如裂帛……①

## 三、多思考

读书多了,会积累知识;游历多了,会增广见闻。但光是这样还是不够,还得勤于思考,善于发现问题。否则,光是读书不思考,就会成为书呆子;光游历不思考,就成了一个满世界瞎转悠的邮差而已。

笔者有次赴江西省上饶市广丰区考察,当地文物干部告知,在广丰嵩峰乡十都村发现了一座疑似古墓,江西省文物考古研究院的资深专家来考察后,怀疑可能是西周时期的古墓。

古墓位于阡陌如画的田间,周边不远有一条小溪潺潺流过,远远望去,是一个三五米高的土墩,立于平地之间,非常醒目。走近看时,发现土墩大致呈方形,大约有三层,逐层收分,可以清晰地看到土中有鹅卵石砌筑的痕迹。这说明是一座人工堆筑的建筑无疑。

爬上墓顶时,发现已被盗墓者挖了一个长方形的盗坑(据说幸被乡民发现举报,盗墓者并未得逞)。在现场考察之后,经过思考,笔者对这座疑似古墓表示怀疑。理由有二:第一,古墓选址不对。中国古代筑墓讲究堪舆,墓地通常会建在比较高爽的地方,最好是朝南。而这座"古墓"建在平地上,周边不远就是一条小溪,犯了大忌(地下水容易渗透,不利于古墓保存)。第二,营筑方法不对。这个土墩是用田土夹杂着鹅卵石堆筑的,结构比较松散,用手都能把土扒开,这不合情理。古墓营筑是要经过夯土的,土层会非常结实。

考虑到土墩近乎正方、有三层台阶,而且土中有鹅卵石整齐砌筑的痕迹,这个土墩有可能是古代的某种祭祀遗址,也就是所谓的"祭台"。

听闻此说,陪同的村干部提供了一个当地流传已久的传说,说类似这样的土墩原先共有三个,呈一直线排列,另两个后来被村民劳作耕田时平掉了。因为十都村的地形非常狭长,夹在两条小溪中间,像是一条船形的样子,所以当地老辈人传说,这三个土墩就相当于是船上的桅杆,是起固定船只的作用。村干部的说法,在一定程度上也佐证了祭祀遗迹的观点。

这其实就是田野考察的好处,不仅要实地观察,最好还要听听当地村民的传说故事,或者查阅一些地方文献的材料,然后经过思考,方能得出相对比较稳妥的结论。

---

① 白居易.白居易诗选[M].顾学颉,周汝昌,选注.北京:人民文学出版社,1999:216.

## 四、多练笔

人的记忆是靠不住的，所以我们眼睛观察得来、耳朵听取得来、脑子思索得来、书里阅读得来的一些有用的材料，必须用手抄录下来，以备遗忘。常言道："光说不练假把式。"要想练就娴熟的文字撰写功底，经常从事写作的训练是必不可少的途径，舍此别无捷径。

古今多少文人都在札记上下苦功夫。把眼睛看见、耳朵听见的资料，写成速记和日记，或是随意写在一张纸上，然后分类保存，这些都是文人的存货，像商人的栈房一样的可贵。俄国文豪高尔基就是一个勤做札记的文人。柴门霍夫遇见风景人物，或特殊事件都记录下来，写小说时翻开他的材料库来找需要的材料。革拉特珂夫把他平日的札记整理补充成为一篇《士敏土》。中国名著《日知录》(清代顾炎武著)、《读书杂志》(清代王念孙著)等，都是札记的成绩。最典型的就是元末明初陶宗仪"积叶成书"的故事了。陶宗仪(1329—约1412)，字九成，号南村，台州黄岩人，元末明初文学家、史学家。他在松江泗泾南村筑草堂以居，开馆授课。教学之暇，与弟子谈今论古，随有所得，即录树叶，贮于瓮，埋树下，十年积数十瓮，后让门人把它们挖掘出来进行整理抄录，得书30卷，取名《辍耕录》。

想到了便写，听到了便写，看到了便写，这是练习作文的最好方法。也许你最初写不好，日子久了，自会写得好的，因为你的精神蕴藏已经丰富了。

## 思考与练习

1. 如何学会观察周边的人或事物？
2. 如何学会当一个"怀疑者"，对旧有诸说产生合理的怀疑？
3. 用读书小卡片的方式收集资料。
4. 练习写读书笔记或札记。

第二章

# 深度和有效阅读

书犹药也，善读之可以医愚。

——（汉）刘向

立身以立学为先，立学以读书为本。

——（宋）欧阳修

一日不读书，尘生其中；两日不读书，言语乏味；三日不读书，面目可憎。

——（宋）黄庭坚

阅读是为了活着。

——［法］福楼拜

经验丰富的人读书用两只眼睛，一只眼睛看到纸面上的话，另一眼睛看到纸的背面。

——［德］歌德

阅读不仅是同情与理解，也是批评与判断。

——［英］弗吉尼亚·伍尔夫

## 课前思考

1. 阅读需要被引导吗?
2. 阅读如何为写作助力?
3. 如何通过阅读沙里淘金,为你的写作遴选出有价值的资料?

在相当长一段历史时期,人们想要阅读并非易事。读书首先要识字,仅这一项,便将无数不能接受教育的寒门子弟拒之门外;其次,受制于书写工具、印刷技术等诸多因素,书籍的数量也非常有限。因此,古人们往往像爱护生命一样爱护到手的书籍,甚至将阅读行为视作极为神圣之事。

自古至今,举凡大家,亦无不勤勉课读,珍惜读书的机会。孔子读《易》,“韦编三绝”的故事,算是最早的例子了。南北朝时期著名的《颜氏家训·勉学篇》告诫子弟将读书作为一种技艺:“夫明《六经》之指,涉百家之书,纵不能增益德行,敦厉风俗,犹为一艺,得以自资……谚曰:‘积财千万,不如薄技在身。’技之易习而可贵者,无过读书也。”①唐代诗人白居易出生六七个月便能默识“之无”二字,堪称天才,可是他在创作上的成就,还是归功于读书。他在《与元九书》中提到:“二十已来,昼课赋,夜课书,间又课诗,不遑寝息矣。以至于口舌成疮,手肘成胝,既壮而肤革不丰盈,未老而齿发早衰白。”②

阅读给人以力量,让人产生愉悦,这一点几乎毋庸置疑。古今中外的智者们,早已通过各种方式为我们细加描绘。如加拿大作家阿尔维托·曼古埃尔所著的《阅读史》最后一章,保留着一张摄于1940年第二次世界大战伦敦大轰炸期间的照片,显示一处塌陷的图书馆遗迹。靠墙的书架没有倒下,三名男子正站立在瓦砾碎石中,分别以不同的姿势正专心致志地读书。作者的解读是这样的:“他们正在努力坚持,以对抗眼前的厄运;他们正坚持着一个平常的发问权利;他们企图再一次发现——在这废墟之中,在阅读偶尔赐予的惊人报酬——发现一种理解。”③这张照片和《阅读史》的作者,分别用影像和语言告诉我们阅读的巨大价值。又如中国东晋陶渊明的“每有会意,便欣然忘食”(陶渊明《五柳先生传》),南宋翁森的“蹉跎莫遣韶光老,人生唯有读书好。读书之乐乐何如,绿满窗前草不除”(翁森《四时读书乐》),都是在传递阅读带给他们的欣喜、忘我、陶醉与快乐。

但是,阅读也并不总是快乐的事,尤其是当我们怀有明确的功利目的的时候。本章所涉及的阅读,显然属于这一类。因为我们试图论述阅读与写作紧密相连的关系,并试图帮

---

① 庄辉明,章义和.颜氏家训译注[M].上海:上海古籍出版社,2006:108.
② 白居易.白居易集[M].孙安邦,孙蓓,解评.太原:山西古籍出版社,2004:290.
③ 阿尔维托·曼古埃尔.阅读史[M].吴昌杰,译.北京:商务印书馆,2002:372.

助大家从阅读中找寻对写作大有裨益的“颜如玉”和“黄金屋”。再加上随着时代向前推进，以及人类文明成果不间断的累积，时至今日，可供阅读的书籍储备，早已如浩渺无垠的大海，即使穷尽一生，我们亦无法览其万一。读什么、怎么读，反而成为一个难题。这一点，显然更让本章的“阅读”俨然变成了一件“苦差”。但有一点可以坚信，即我们可以通过深度和有效的阅读，最终一定会找到我们想要的。因为，阅读的确可以助力写作。

## 第一节　广泛阅读

美国作家J.B.克尔福特认为，阅读是我们天生就具备的一种能力。在文字发明以前的千万年，阅读就已经存在了。半猿人在狩猎时，阅读刻画出来的记录符号，这其实比他们学习狩猎要更早。而我们从婴幼儿开始，就躺在摇篮里听妈妈给我们唱着催眠曲，给我们讲童话故事，我们已经习惯这种生活方式了，这也远比习文识字要早。[①]

随着年龄的增长，我们逐渐开始自主地阅读，并在阅读中完成自我的认知和提升。每个个体因为成长环境、性格特征、所受的教育等方面的差异，其阅读兴趣、习惯、方法也不尽相同。有时候，我们的阅读并不具有强烈的目的性，仅仅只是读自己喜爱的书籍，享受愉悦的阅读过程。喜欢读什么书，是晦涩难懂的哲学名著，抑或是魔幻通俗的流行网络小说，也并无优劣高下之分。但更多时候，我们会希望通过阅读达成某种目的，这就需要我们对自己的阅读进行规划，提高阅读的效率。

### 一、养成“随便翻翻”的习惯

但凡大家，往往不是“博览群书”，便是“学贯中西”，令我们钦敬羡慕不已。然而书海无涯，即使我们穷尽毕生的精力和时间，所能读的书也非常有限。如何较为轻松地做到“博览”呢？方法还是有的，那就是养成“随便翻翻”的习惯。

鲁迅先生在《且介亭杂文·随便翻翻》一文中，曾经谈及自己的读书经历：“书在手头，不管它是什么，总要拿来翻一下，或者看一遍序目，或者读几叶（页）内容。”甚至他在觉得疲劳的时候，也将之作为消除疲劳的方法。久而久之，所阅之书自然越积越多。鲁迅先生在文中说“倘要骗人，这方法很可以冒充博雅。现在有一些老实人，和我闲谈之后，常说我书是看得很多的，略谈一下，我也的确好像书看得很多，殊不知就为了常常随手翻翻的缘故，却并没有本本细看”。这当然是他谦逊和幽默的说法。倘我们真正能够践行这种读书习惯，日积月累，的确是可以达到“博雅”之境地的。

古人读书，亦先求博览。如孔子认为君子应先“博学于文”，再“约之以礼”，才不至于离经叛道。唐宋八大家之一的韩愈“少好学问，自五经之外，百氏之书，未有闻而不求、得

① J.B.克尔福特.高效阅读课[M].苗婷婷，译.南京：江苏科学技术出版社，2019：94.

而不观者”[1]。中国近代政治大家曾国藩在向儿子传授读书之法时，十分强调“看”。“看”即今天的阅览，也是注重博杂。为了凸显“看”的独特价值，他还特意将之与“读”进行比较：首先表现为选择的内容不同。“看者，如尔去年看《史记》、《汉书》、韩文、《近思录》，今年看《周易折中》之类是也。”即读史书、子书，宜用“看”。这些书籍内容广博，范围广泛，非看不行。其次在读书速度和对所读书的理解程度不同。“看”的速度快些。在理解程度上，与“读”相比，“看”可谓是浅尝辄止。他用了三个比喻来说明：“譬之富家居积，看书则在外贸易，获利三倍者也；读书则在家慎守，不轻花费者也。譬之兵家战争，看书则攻城略地，开拓土宇者也；读书则深沟坚垒，得地能守者也。看书如子夏之‘日知所亡’相近；读书与‘无忘所能’相近。二者不可偏废。”[2]一比喻为赚钱。“看”如同在外做生意获大利；“读”如同在家守财产，慎重花费。二比喻为打仗。“看”就如一鼓作气，攻城略地；“读”就如守住所得战利品。三比喻为获取知识。“看”如同子夏所说的每天知晓自己所不知道的，“读”则是不忘记自己已经知道的。

我们现在所处的时代，各种书籍资源已经非常丰富，查找的途径也十分便捷。尤其是在校的大学生，图书馆除了各个馆室陈列着的整架整架按照索书号排列有序的纸质书籍和期刊，还购买了大量价格不菲的电子资源和各种数据库。我们不妨在消闲的时间，或者相对固定的一个时间段（如上完上午一、二节课后，没有课的第三、四节课），将所有图书馆购买的数据库，一一点进去看看，或者慢慢踱进一个个馆室，随便抽一些书籍或刊物出来，看看封面，浏览一下目录，有感兴趣的，读几页。这样，四年下来，当我们走出校门，一定也可以像鲁迅先生那样，“冒充博雅”了。

## 二、形成自己的阅读体系

仅仅“随便翻翻”的“博览”，或者仅仅只是“看”，当然是远远不够的。阅读是一场硬战，需要我们持续不懈的努力，构建出自己的阅读体系。

如我们前面说到的韩愈，读书在求“博”的同时，也有所侧重。从《进学解》中，他的阅读重点书目可见一斑：“上规姚拟，浑浑无涯；周诰、殷《盘》，佶屈聱牙；《春秋》谨严，《左氏》浮夸，《易》奇而法，《诗》正而葩；下逮《庄》《骚》，太史所录，子云相如，同工异曲。”[3]诚如曾国藩所说：“以韩退之为千古大儒，而自述其所服膺之书，不过数种：曰《易》、曰《书》、曰《诗》、曰《春秋左传》、曰《庄子》、曰《离骚》、曰《史记》、曰相如、子云。”[4]可见，韩愈读书涉猎广泛，又有所专研，形成了自己的读书体系。曾国藩读书，也有自己的读书目录和体系：

---

① 韩愈．答侯继书[M]//韩昌黎文集校注（上）：卷三．马其昶，校注．马茂元，整理．上海：上海古籍出版社，2014：183.

② 曾国藩．与纪泽儿书（咸丰八年七月二十一日）[M]//曾国藩家书．陈霞村，译注．太原：山西古籍出版社，2004：118.

③ 韩愈．进学解[M]//韩昌黎文集校注（上）：卷三．马其昶，校注．马茂元，整理．上海：上海古籍出版社，2014：50.

④ 曾国藩．曾国藩家书·家训日记[M]．北京：北京古籍出版社，1994：440.

“余于《四书》《五经》以外，最好《史记》《汉书》《庄子》、韩文四种，好之十余年，惜不能熟读精考。又好《通鉴》《文选》及姚惜抱所选《古文辞类纂》，余所选《十八家诗钞》四种，共不过十余种。”①

构建出自己的阅读体系并不是一件容易的事。因为我们已经习惯了在各种书单的指导下进行阅读，而缺少自我意识。幼儿时期，妈妈会在育儿专家的引导之下，为我们购买或借来各种童话故事、幼儿睡前必读故事等精神食粮；中小学阶段，各种与考试相关的必读书目，几乎占据了我们所有的课余时间。刚跨进大学校门，便会收到长长的本专业必读书单。除此之外，“亚马逊中国‘人生必读100本书’”“50本好书”“豆瓣TOP500书单”等，也试图引导我们购买和阅读。

我们不需要对这些书单全盘否定。如果我们的阅读兴趣和潜能，正好被这些“必读书目”激发，那便可以算作一个幸运者了。但是，阅读体系的构建，还需要我们充分发挥自己的主观能动性，这与我们的阅读量和体悟力密切相关。有的人，很早就找到自己的阅读兴趣，并因此而构建出自己的阅读体系。如一个从小学（或中学）就对天文表示出浓厚的兴趣的人，一直坚持搜集并阅读大量与此相关的书籍，即使他（她）大学时并没有选择天文类的专业，但也形成了属于自己的阅读体系，并在这一领域酣畅遨游了。

大多数人会构建出与自己的专业相关的阅读体系。如果你对自己不够自信，可以根据专业为我们开出的必读书目，或者请你信赖的老师为你开列书单，先有选择地认真阅读几本书，在逐渐找到自己的兴奋点后，再深挖下去，找到与此相关的全部权威著作。读书之初，尽量先读原典，而“不要读那些二手发挥、三手文献，要截断众流，从头说起”（陈平原《读书的风景》）。如果你是法律专业的学生，正好对刑法很有兴趣，正确的做法是先认真读几遍《刑法》，再开始读中外研究《刑法》的权威论著，并因此逐渐构建出与此相关的阅读体系；如果你是汉语言文学的学生，对《史记》情有独钟，便应该沉潜下来，先扎实地读一遍《史记》，而不是先避开原著，读一大堆各种研究《史记》的著作和论文，让自己一直处于茫然无绪的状态。如此一个点一个点地攻而破之，终能在某个领域有所得。有些学者，终生只穷究一点，亦可成为大家。

将自我意志运用到阅读上，有时候，我们会越来越投入，完全忘却自我，全身心地投入阅读中，心无旁骛地发挥自己的能力，逐渐学会通过在阅读中集中精力，收集感兴趣的内容及撰写读后感这些方式来不断完善自我。如此以往，我们会看见在早期阅读期间选择书籍时的毫无计划，后期阅读中突然与书本建立了良好的联系，在持续混乱的阅读中突然发现了好的方法，最后，还会看见呈现在我们眼前的是自己在不断拓展的阅读过程中留下的印记。属于我们自己的一个或多个阅读体系，也由此而形成了。

## 三、书痴者文必工

当我们已经将阅读当成一种生活方式，并且已经或者正在构建自己的阅读体系时，我

① 曾国藩.曾国藩家书·家训日记[M].北京：北京古籍出版社，1994：440.

们也会感受到发生在自己身上的改变。最根本的是一些“化学上的改变”，比如，通过阅读，我们的智力增添了新“包装”，增加了新的有关理解能力的细胞。最重要的是，经过阅读消化后的“产品”，会有助于我们的写作。

一方面，大量且持续的阅读，让我们的视野更宽广、更博雅，长久的知识积累，会为我们的写作源源不断地提供所需要的佐证和资料，使我们的妙笔生繁花，决不至于“书到用时方恨少”；另一方面，深度而有效的阅读，能帮助我们找到丰富的写作主题。“读书百遍而义自见”，语出自晋·陈寿《三国志·魏志·王肃传》：有人想师从王肃，王肃不肯教，而是说“必当先读百遍”，则其义自见。意思是说，一本书读了100遍，其中的精义和奥妙自然都懂了，不需要别人再教授或解释。写作的技法，也由此来。对此，元代的程端礼也有类似的论述：“所谓熟读精思者，朱子曰：‘荀子说诵数以贯之。见得古人诵书亦记遍数。’乃知横渠教人读书必须成诵，真学道第一义。”[①]

《读书的厚度就是作文的深度》一文中，鲁迅先生说过的一段话也可作为注脚：“从前教我们作文的先生，并不传授什么《马氏文通》《文章作法》之流，一天到晚，只是读，做，读，做；做得不好，又读，又做。他却决不说坏处在哪里，作文要怎样。一条暗胡同，一任你自己去摸索，走得通与否，大家听天由命。但偶然之间，也会不知怎么一来——真是‘偶然之间’而且‘不知怎么一来’——卷子上的文章，居然被涂改的少下去，留下的，而且有密圈的处所多起来了。”事实上，如果我们肯花工夫“扎死寨，打硬仗”，将一本书（宜为经过时间检验的经典著作）细读很多遍，“其义自见”自不必言，大量另辟蹊径、不人云亦云的写作主题，也将纷至沓来。华东师范大学博士生导师陈大康教授曾言，他在“文革”下乡时因无书可读，将手中仅有的《红楼梦》读了一百多遍。后来陈先生写了大量关于《红楼梦》的学术散文，且几乎篇篇独具慧眼，与众不同。如通过文本细读，他发现书中重要人物，只有王夫人和李纨婆媳二人，从未有正面的谈话，以此分析二人的紧张关系，并写了《李纨与王夫人为何没有对话》等文章。这些文章，后来结集成为著作《荣国府的经济账》。陈先生的主要研究方向并不在此，这些与《红楼梦》相关的文章，只是他进行学术研究之暇的顺手拈来之作罢了。可见，读透一部经典著作后，与此相关的写作，便会变得得心应手。

## 第二节 定向阅读

第一节我们讲到的阅读方式，无论是“随便翻翻”还是认真构建自己的阅读方式，相对而言，都是一种非功利的阅读，我们阅读的目的就是阅读本身，或者说，我们的每一次阅读，只是为了获得一种新的人生体验，这样的目的相对玄远，以致可以暂时忽略不论。虽然我们说阅读也可以助力写作，但那只是阅读积淀到一定程度的衍生品。假如知道最终这样的阅读对于写作并没有帮助，我们还是会去读书。但是，现实生活中，还存在着另外一种阅读方式，比如为了某个写作主题而有针对性的阅读及搜集资料，我们可以称之为

① 程端礼.程氏家塾读书分年日程[M].北京：中华书局，1985：120.

“定向阅读”。这样的阅读，目的性非常强，同时要求我们“训练有素”，注重技巧。

## 一、有目的的“泛读”

假如我们一直保持着阅读的习惯，且成功地构建了自己的阅读体系，写作主题又正好是你感兴趣且熟悉的，那么，在“定向阅读”中，之前那种长期的“无效”阅读，会为你提供帮助。你的脑海里已经储存了大量有用的相关信息，此时只要提取出来，或者只要“顺藤摸瓜”即可。当然，我们也可能面临的是一个完全或相对陌生的话题，这就需要我们从零开始，有目的的“泛读”。

假如主题比较宽泛，那么“泛读”的范围则相对比较广。我们可以以《红楼梦》第48回林黛玉教香菱写诗一节中黛玉为香菱开列的书单作为案例。香菱是薛家强买回来的丫鬟，是个稍有鉴赏基础的诗作爱好者，尚不会作诗。在大观园的诗社活动中屡屡夺魁的诗仙黛玉是这样教她的：“你若真心要学，我这里有《王摩诘全集》，你且把他的五言律读一百首。细心揣摩透熟了，然后再读一二百首老杜的七言律，再把李青莲的七言绝句读一二百首。肚子里先有了这三个人作了底子，然后再把陶渊明、应玚，谢、阮、庾、鲍等人的一看。你又是一个极聪敏伶俐的人，不用一年的工夫，不愁不是诗翁了！”①香菱要学写诗（古诗），这是一个相对比较大的主题，她要阅读的书单包括：王维的五言律诗一百首首、杜甫的七言律诗一二百首、李白的七言绝句一二百首，以及陶渊明、应玚、谢灵运、阮籍、庾信、鲍照等中国历代名家的作品。虽然《红楼梦》是文学作品，书中人物也全为虚构，但作者曹雪芹乃文学巨匠，《红楼梦》中100多首诗全部为作者原创，且根据人物性格特征，声口毕肖，作诗功夫了得。黛玉教香菱写诗的经典段落，极有可能是作者的真实心得体会。

如果主题相对较小，我们的阅读范围则相对较小。但要写好一篇文章，一定的阅读量是必不可少的。俗话说，“见多识广”，读得多了，自然而然就会发现问题。像写文章，一本书认真读了之后会发现问题，会写一篇文章。阅读积累，是一个自我成长的沉淀过程。写作，则是一个自我记录的过程。阅读的书籍、看到的世界、见过的人和事，这一切构成个人独特的“阅读史”。同样，将个人的阅读心得、生活实践叙事记录下来，这一切构成个人独特的“写作史”。个人的“阅读史”和“写作史”构成我们独特的“成长史”。一部好的独特的个人“成长史”，离不开海量式的阅读，并在此基础上进行写作。历史上有很多名人读书的故事，他们写作取得的成功，与当初海量式阅读是分不开的。百家讲坛著名学者南京大学中文系博士生导师莫砺锋教授写过一篇文章《文学阅读改变了我的人生轨迹》：“我能得到的书特别少，所以也就看得特别细，反反复复地看，凡是可以背诵的内容，基本都看到能背诵为止。《孙子兵法》《唐诗三百首》《古文观止》等，基本都能全文背出。”②写作是需要提出新颖的观点想法，但这些都是建立在勤奋阅读的基础上的。那么我们应该阅读什么呢？通常应精心挑选适合自己阅读的书目，根据个人的发展特点和写作能力进行选择，强调因

---

① 曹雪芹.脂砚斋批评本[M].脂砚斋，批评.长沙：岳麓书社，2006：457.

② 莫砺锋.文学阅读改变了我的人生轨迹[J].名作欣赏，2015(1)：121-127.

人而异的特征。如古今中外哲学历史学书籍,普通文化知识素养如思维科学、社会科学、自然科学;教育学科知识素养如教育学、心理学、学科教育学的书籍;文学艺术学的相关书籍如小说、散文与诗歌、文本解读,文艺评论类的相关书籍;其他的如美学与文艺学等一系列书籍,如果我们习惯性阅读,对提升我们的写作能力都有很大帮助的。

## 二、准备一个“沙坑”

认真的、有目的的“泛读”,依然还是帮助我们“厚积”:开阔我们的视野、引领我们的思路等,并不为我们的写作提供直接的文献资料。而对于说理性写作或论文写作而言,文献不仅是必不可少的,而且是越全面越充分越好。因而,在正式动笔之前,我们首先要做的工作是定向寻找大量的文献资料。

在要为写作进行文献准备时,通常有两种情况:(1)我们对于这次写作有一些新的想法(有时候是大胆的想法),或只是一些大致的思路,并不十分明确,希望能从文献中寻找佐证,或者灵感;(2)我们已经有非常明确的主题,需要为此有针对性地查找相关文献。无论哪种情况,都需要我们准备一个“沙坑”(文件夹),存放海量的、宁滥勿缺的文献资料。

如果你想完成一篇可信度高、质量上乘的论文或是说理文,仅仅靠“度娘”(百度搜索引擎)和各家博客提供的资料,显然是不够的。依靠这些渠道搜索来的资料,往往并不能保证资料的严谨性,也绝不会为你的作文质量负责。你还需要通过更为学术、更为规范的渠道进行检索。

除了各种正规出版的纸质书籍、期刊,电子资源在当下更为便捷。比如最为常用的知网,以及各种与专业相关的数据库,都是我们查阅文献的工具。一般而言,你所在的大学图书馆都已经花重金购买了中外各研究领域的价值不菲的数据库(图书馆购买的数据库的质量和数量,亦可作为评判你所在大学品质的衡量标准之一),只等着你充分利用即可。比如,专题数据库以提供特定知识主题或学科领域的文献资料为特征,它收录文献的最重要标准就是与数据库主题的“相关性”。如中国近代小说在众多可利用的数据库中,晚清民国期刊全文数据库尤为便利。这个数据库号称“收录了1833—1911年间500余种期刊,近54万篇文献,几乎囊括了此年段出版的所有期刊,更将这一时期的著名期刊一网打尽”。随着科学技术的发展,电子文献越来越普及。电子文献的出现是文献传播史上的划时代变革,它形式多样,容量大,携带方便,传播速度快,突破了时空的限制,具有很多纸质文献无法比拟的优势。目前查找电子文献,主要是通过光盘数据库和网络数据库,一旦需要,即可迅速提取阅读,为我所用。

根据所写文章的长短,我们有针对性地准备文献所需要的时间也不一样,长则一年或更多,短则一天或更少,我们将从各种渠道搜索来的、可能会用到的文献资料,都堆积在“沙坑”里,以备所需。

## 三、文献归类

在进行文献检索时,我们一般都只是浏览了一下标题,或者稍微看了一下摘要部分,便迅速地进行了判断。有归类习惯的人,可能一边检索,一边先对这些材料进行了粗略的归类。但这些显然是不够的。当我们确定“沙坑”里的文献已经足够多,或者我们当下已经不能再找到更多的文献的时候,便可以开始进行下一步工作:文献归类。

我们需要先将“沙坑”文件夹分成多个文件夹,一般而言,暂时可以分为“有用”“无用”“可能会有用”等三个文件夹。接下来便可以开始对堆积的文献进行快速阅读分拣。这时候对于文献的阅读依然可以是大略而粗浅的,我们耐心地打开找到的每一份文献:一篇学术性论文、一份调查报告或是实验报告、一篇作品等,快速浏览摘要、正文部分、实验结果,对这篇文章(报告或作品)的价值再次做出判断,并分别投放到三个文件夹中。因为我们可能对于自己的写作主题依然并不是很确定,所以,这种分类也只是暂时的。那个“无用”文件夹的文献,我们不妨暂时也存放在那里,以免到时改变主意,这些“无用”的东西,也许又会变成有用的了。除非那些废话连篇、文不对题,实在没有任何参考价值的文章,此时便可以毫不痛惜地删除,因为这样的文章,再阅读一次,也是浪费我们的时间。

如果我们已经这样快速检阅了一遍查找到的所有文献,即使当初我们对于写作主题没有明确的思路,此时也应该会有所收获了。最初的那个大胆的、创新的想法,或者关于写作主题的思路是否可行,此时都可以依据文献材料进行判断了。与此同时,我们也获得了大部分所需要的文献。“有用”文件夹里的文献,我们还需要再次分类,分类标准可以依据自己的习惯,或者自己要写的文章的主题、文献类型等来确定。如文献资料一般可以分为引文文献、阅读型文献和推荐型文献三大类。引文文献是作者在撰写或编辑论著的过程中,为正文中的直接引语或间接引语而提供的有关文献信息资源;阅读型文献是作者在撰写或编辑论著的过程中,曾经阅读过的文献信息资源;推荐型文献通常是专家或学者为特定读者、特定目的而提供的、可供阅读者查阅的文献信息资源。这样文献被分置在各个文件夹内,也非常有利于我们集中或有选择地阅读。

也有一种情况,我们通过阅读文献,不幸地发现“英雄所见略同”,自己的想法早已经被别人论述得非常清楚,思路几乎一模一样,甚至自己没有想到的,别人在文章中也已经论述得非常透彻。此时,就只能忍痛割爱,果断放弃这一主题和思路,另起炉灶了。

## 第三节 批判性阅读

作为记录、积累、传播和继承知识的最有效手段,以及人类社会活动中获取情报的最基本、最主要的来源,文献对于大多数写作,尤其是说理性和学术论文的写作而言,都具有至关重要的作用。一方面,我们需要这些文献来佐证我们的观点,使其更有说服力;另一方面,我们也需要对前人的研究成果,有充分的了解,避免重复论述,以致徒费时间与精力。然而,我们也要清楚地知道,这些文献所记录和传播的知识,有相当一部分可能是不够严谨的,或者说,是错误的。导致错误的原因有很多:或是作者本身的局限致使观点错误,或是撰写文章之时作者所掌握的文献错误或者有限等。这就需要我们在利用这些文献之前,带着批判的态度,保持高度警惕地进行审读。

## 一、沙里淘金

按照上一节的步骤，我们已经基本完成了有针对性的文献搜索、保存和分类。当然，即使在写作过程中，也需要我们随时对可能找到的有价值的资料保持猎取兴趣。但现在至少可以先静下心来，跳进那个已经被填满文献的“沙坑”，好好“淘洗”一番了。此时，我们对于作文的观点、思路和构架，应该已经基本上了然于心，所以，此番阅读，目的性更强，我们需要的是对于这一次写作有用的资料，那才是我们要找的“金子”。

当我们在填塞“沙坑”的时候，采取的是“宁滥勿缺”的原则，将可能有用的文献，全部囊括进来，并没有考量文献的质量。所以，剔除低劣文献，是“淘洗”工作的第一步。比如，有些几十万字的著作，几乎全部为陈词滥调，毫无作者自己的创见，粗读下来，没有任何收获，这样的文献，就得果断放弃。笔者在写作博士毕业论文时，就有这样的经历：当费尽心思、辗转发现有一部相关的学术著作，以为正可以为某一个学术难题提供文献佐证，不惜花钱买下，待细细翻阅，却发现只不过是人云亦云，毫无新意不说，甚至整本书，都找不到任何有价值的资料，只是作者为这本书取了一个看上去让人觉得极有研究价值的书名而已。那些海量的学术论文，滥竽充数的则更多，需要我们打起精神，认真审读文章的标题、摘要和正文，对于那些逻辑混乱、错漏百出、毫无利用价值的文章，一定要痛下杀手，将它们移入回收站，以免下次再浪费时间和精力。这些劣质文献，一般只要我们具备一定的阅读鉴赏能力和专业知识储备，并且在阅读过程中，稍微认真一点，大体便可以辨别出来。

“淘洗”工作的第二步，是要辨别该文献是否确与自己的写作主题相关，并且对于此次写作的确有用。这一步，也可以与剔除低劣文献同时进行。并不是所有搜索来的优质文献都可以为我们所用，我们还要再一次确定它们是否对我们此次写作具有利用价值。在搜索材料时，我们已经进行过初步的确认，并且按照“有用”“无用”“可能会有用”区分成三个文件夹。此时，我们的重点阅读对象是那个“有用”文件夹，对里面的所有文献都应一一细致审读，并且将可能会用到的段落或材料分置在文章结构相应的标题下，并详细标记该材料的出处，以便于将来标注参考文献和注释。“无用”和“可能会有用”两个文件夹，我们暂时可以不予理会，当具体写作时突然想起曾经看到的某个文献，那时再调取出来不迟。

如果是著作类文献，我们只需按目录索骥，有针对性地“跳读”，并摘录下可能有用的部分即可。信息时代之前，人们用纸质卡片摘录有用的文献，往往是一边读书，一边做笔记和抄写卡片，见到有用的资料就抄下来，并将卡片按照内容或主题进行归类。进入信息时代，电子文档已经基本上取代了纸质卡片，我们只要直接复制、粘贴即可保存需要的资料。纸质文献上的资料，也可以用“全能扫描王”等智能工具，直接拍照导出、上传到电脑即可，打字也不需要了，节省了很多时间。要提醒大家的是，我们仍要记得随时标记所有摘取材料的出处，以备注释和参考文献之用。

## 二、不尽信书

"尽信书，则不如无书"，这句话，相信大家都非常熟悉。这句话语出《孟子·尽心下》：

> 孟子曰："尽信书，则不如无书。吾于《武成》，取二三策而已矣。仁者无敌于天下，以至仁伐至不仁，而何其血之流杵也？"[①]

此段可翻译为，孟子说："完全相信书，那不如没有书。我对于《武成》一篇，所取的不过是两三页罢了。仁人在天下没有敌手，凭周武王这样极有仁德的人来讨伐商纣王这样极为不仁的人，怎么会使血流得使捣米用的长木槌都漂起来了呢？"

孟子提到的《尚书·武成》篇，在记录发生于商纣王与周武王之间非常著名的牧野之战时，是这样说的："受（纣王）率其旅如林，会于牧野。罔有敌于我师（没有人愿意和我为敌），前徒倒戈，攻于后以北（向后边的自己人攻击），血流漂杵。"孟子在阅读这一篇时，颇有感慨，并发表了上述言论。他认为，像周武王这样讲仁道的人，讨伐商纣王这样极为不仁的人，怎么会使血流成河呢？孟子不相信《尚书》中的这个记载，他所说的"尽信书，则不如无书"之"书"，应该是《尚书》。《尚书》作为儒家经典之一，即使在孔、孟时代，也极具权威性地位，孟子能对权威著作勇于怀疑，保持清醒的认知态度，在当时可谓空谷足音，"尽信书，则不如无书"的道理，也适用于所有书籍和文献，因此，这句话也被作为经典名言流传了下来，垂范后来的读书者。

清代康熙年间浙江人唐彪，著有《读书作文谱》，是一本极有见地的教学论著。该书对读书应存疑，不尽信书亦有详细的论述。在论"读书作文当阙所疑"时，讲到"学者必不能无疑，唯在于有疑而能阙（阙疑即存疑）"，唐彪先对有疑与阙疑，能阙与不阙做了初步的阐述后，在下一节"看书进一层法"中，详引了朱子的话，将前面的讨论深入下去："读书有疑者须看到无疑，无疑者须看得有疑，有疑者看到无疑其益犹浅，无疑者看得有疑其学方进。"这种辩证的思维方法，使作者不但能着眼于对立面揭示矛盾，而且能不迷信名家、名篇、名言，对名家、名篇、名言善于做具体分析。唐彪说："今人于名人之文概视为锦绣珠玑，谓可不必选择乃率意诵读，岂知平常之文读之能令人手笔低乎？""文章未有无疵病者，虽以左、史文中之圣，而详略欠审，或位置失宜，或字句粗率，往往有之。下此者可知矣。学者读其文，先存成见，但求其美，而不辨其疵，非深造自得者也。唯精加玩索，能辨其美玉微瑕，然后己之所为文，瑕疵亦可免矣。""凡书有难解处，必是著书者持论原有错误，或下字有未妥帖，或承接有不贯串，不可谓古人之言尽无弊也。"此外作者还将名家之文区别为三等："大凡一人所著有最上之文，有其次之文，有又次之文，三者相较而高下大悬殊矣。故选古文者须选最上之文，其次与又次者即可已也。"并对"世之选古文者"的种种弊端提出批评。作者这种不盲目推崇、敢于质疑大家名篇的胆识，正是我们在阅读过程中需要具

① 杨伯峻.孟子译注[M].北京：中华书局，1960：325.

备的。

大而论之，一方面，我们对于知识应该怀有敬畏之心，如此人类才会发展和进步；另一方面，面对浩渺无垠的书海，我们也不能盲从，应保持独立思考的习惯，批判地阅读一切书籍，如此我们个人和人类才会有更长足的进步和发展。小而论之，我们在精读已经经过搜索、分类、淘洗等一连串步骤的文献之时，依然应保持冷静，不能盲目"拿来"为我所用，而应审慎地对文献观点、内容等保持适度的怀疑态度。即使是经典著作，也应勇于质疑，冷静分析，不迷信权威。

批判性地阅读，是我们应随时保持的一种阅读习惯。

### 三、甄别引用文献

无论是学术论文写作，还是说理性写作，其最基本的学术规范，都包含如下两条："引文必须注明出处"，"论著附有文献索引，涉及西学者，中、西文索引齐备。"有人曾对美国大学论文写作的情况做了如下的介绍："刚开始在美国写读书汇报或小论文，最让我不适应的是引经据典。文章里的每一句话，只要不是自己原创的，哪怕是人人皆知的道理，也必须找到出处，且必须用严格正确的格式附在文章最后。我们每个学生都有一本宝贝书，天天塞在包里，书里枚举了引用文献时要用到的所有规范。这些引经据典的训练使我慢慢培养了缜密的学术风格。"的确，我们对于"引经据典"，还需要更多的重视。

事实上，除了遵守以上两条最基本的学术规范，我们还需要对文章的参考文献和注释进行甄别、核查和确认，这是我们对文献进行审读的最后一步，也是确保文章质量非常重要的一步。一些有经验的评审专家，在评审学位论文或者其他学术性论文时，往往并不着急看论文，而是先审读参考文献和注释。作者所罗列的参考文献，是否覆盖了该领域内最权威、最有价值、最新的成果，即可对该论文的质量优劣进行初步的判断；再随机找几个注释进行校对，看是否准确无误，如果发现有错误，那么，这篇论文的质量可想而知，一定不会高到哪儿去。

如果是我们自己找到的第一手文献，只要再依循之前自己的标记再确认一遍引用的内容准确无误，并按照格式规范确认一遍作者名、书名（或篇名）、出版社（或期刊名）、出版时间即可。如果是引用的二手文献（有时候是三手文献），即沿用了别人的著作或论文的注释中引用的文献，则需要我们特别注意，我们要按照引用文献所做的注释或参考文献，找到原始文献（第一手文献），对所引的文字及出版信息进行确认。因为二手或三手文献除了可能会出现诸如页码、出版时间，甚至书名或篇名都是错误的等低级错误外，还可能引用的内容属于断章取义，或是错误的。概而言之，对于文章中的每一条参考文献和注释，我们都应该确保每一条信息皆准确无误。如果因找不到原始文献而无法确认，则需要忍痛放弃该条文献，以保证文章的规范、严谨和优质。

阿根廷伟大的作家豪尔赫·路易斯·博尔赫斯酷爱阅读，但在30岁出头的时候因严重的眼疾开始逐渐丧失视力，即使如此，也不能阻止他继续"读书"，他从书店请来一个年轻人，每天在固定的时间，专门为他读书。面对如此坎坷的命运，他依然用诗歌表达了自己对书籍和阅读的坚守。

> 在我的黑暗里，那虚浮的冥色
> 我用一把迟疑的手杖慢慢摸索，
> 我，总是在想像着天堂
> 是一座图书馆的类型。①

伟大的作家们，几乎无一不是与阅读终身相伴。而坚持不懈的阅读，并保持思维的敏捷，一定可以极大地丰富我们写作途中的风景，并为我们展开更奇妙广阔的空间。

## 思考与练习

1. 请结合你所学的专业，为自己开列一份阅读书单。
2. 请围绕自己感兴趣的某门学科或者某个主题，做一个为期一年的阅读计划。
3. 请选择自己感兴趣的一本经典著作，运用批判性思维写一份读书报告。

① 博尔赫斯．博尔赫斯诗选［M］．陈东飚，译．石家庄：河北教育出版社，2003：97.

第三章

# 寻找和展开话题

最好的研究是以一个你想要回答的问题来开启的。但是接下来你必须要想象读者会问些什么问题:如果你不予回答会怎样?而你又为什么要关注这些问题?

——[美]凯特·L.杜拉宾

总之,提问是研究和写作的出发点,重要性毋庸置疑。但提问是一门技艺,需要大量的练习和反馈才能掌握。愿你成为一位“问题青年”。

——刘军强

构建论文时,你最好使其围绕某个学术问题或争议,而不要紧盯住某个空白领域。论文应着眼于一系列需要解释的现象,你可以将这些现象称为不易识破的谜,然后给出有趣并且正确的谜底。

——[英]帕特里克·敦利威

叙述命题就是通过一个简单句,针对你打算予以证实的特定观点进行解释说明。这个命题需要以完整的句子形式出现,不能只是一个单词或词组。

——[美]亨利·塞德尔·坎比

文章的救星常常并不在于作者的风格,而是在于某些作者能够发现的奇异的事实。

——[美]威廉·津瑟

要使语言生动,要把句子尽量写得短,能切开就切开,这样的语言才明确。

——汪曾祺

## 课前思考

1. 话题、问题、主题及标题有什么区别吗？
2. 论文菜鸟如何找到自己感兴趣的话题呢？
3. 如何把一个话题变成论文的主题呢？
4. 列一张话题“菜单”，找到你感兴趣的话题吧！

# 第一节　寻觅感兴趣的话题

## 一、话题是什么

话题，往往由一个词语或是一个句子构成。文章的话题一般是全文中心思想的凝结。说理性文章的话题一般是在相应的研究基础上提炼总结出的中心事件、中心论点或中心思想。话题的大小决定了文章的范畴。一篇文章可以由多个话题组成，但这些话题往往围绕着某个为首的话题。同理，一个话题也可以衍生出多篇文章。

第一，确立研究性文章的话题需要十分注意，该话题一定要有前期的研究积累。由于话题的来源主要依靠体验，它要求我们既可以从生活中的直接体验得出，也可以从阅读中的间接体验得出。直接体验要求创作者在日常的工作学习中保持对于各类现象的敏锐度和专业性，从而可以及时地捕捉到前沿的学术信息和现象，由此找到相应的话题来进行研究。当然，从直接体验中找到灵感的情况毕竟有限，受制于每个人生活空间、学习方式乃至性格的不一，有时我们只能从间接体验中找到话题，诸如图书馆、书店及网络上各类软件平台等，也能帮助我们在杂乱的信息中找到相应的研究话题。透过直接体验得到的话题相对而言专业敏锐度较高，更容易填补一些空白，但缺点是投入量大，回报率不稳定；而借助间接体验采集的话题相对而言较为简单便捷，但缺点是容易重复，并且他人的第一手资料有时并不准确。当然这样的归纳并不是绝对的，不论是直接体验还是间接体验，只要创作者认真研究、悉心梳理，都有可能找到好的话题。

第二，初级研究者最好寻求自己感兴趣的话题，而不要盲目追随导师的项目课题，因为人们通常更愿意为自己的选择付出努力。感兴趣的话题能够让研究者拥有持久的动力和毅力，尤其是发展到后期的硕士论文与博士论文，研究时间长，写作过程烦琐，非兴趣不能坚持。那么，如何寻找到感兴趣的“研究话题”呢？大家不妨从感兴趣的事情着手展开。比如有同学喜欢打游戏，就写了一篇《基于dota游戏中护甲的建模与一阶系统分析》[①]的论

① 王君迪.基于dota游戏中护甲的建模与一阶系统分析[D].杭州：浙江大学，2013.

文。再者,伴随着宠物族、球鞋一族等群体的兴起,也诞生出了不少有趣的论文,诸如《中国宠物文化发展及其对宠物经济的影响》①、《波鞋与流行文化中的权力关系》②等。苏州大学出版社曾出版了一套关于亚文化研究的丛书,全面研究了新一代青年的亚文化生活理念及具体方式。

21世纪以来,以青少年为主题的各类亚文化群体不断兴盛。这些文化群体和相应产生的文化现象都可以作为新一代学者的研究话题。了解新兴的文化现象,能够帮助我们更好地了解青年一代是如何继承和挑战传统文化议题的。

这些看似有些“离经叛道”的论文话题,其实有着微妙的师承关系。诸如张爱玲也研究过《红楼梦》里的服饰,她在《红楼梦魇》中就对曹雪芹笔下的服饰描写有颇多见解。无独有偶,著名作家沈从文也写过《中国古代服饰研究》,汪曾祺更是研究过中国的马铃薯和口蘑。这些话题,放在当时的年代,也属于亚文化的范畴了。

第三,话题的范畴可大可小,请相应的研究者根据自身的能力选择难易适中、范畴适中的话题。我们以本科生、硕士生及博士生的论文为例,同样是做一盘红烧肉,本科生的论文可以直接从肉的腌制,下锅热油开始写。硕士论文要从如何从菜市场选猪肉开始写,博士论文可能就得从如何养猪开始写了。从宏观的范畴上讲,话题可以非常宽泛,从心理学、社会学、文学、哲学、生物科学等各类领域提出,诸如朱光潜先生所创作的《西方美学史》,抑或是鲁迅先生所创作的《中国小说史略》等,这些大家的著作大多高屋建瓴,微言大义。

从微观范畴上讲,话题也可以是非常生活化和具体化的,有些话题含义很丰富,不要局限于字面意思,要准确、深入地捕捉话题信息。诸如2012年曾有一篇名为《网络会话中“呵呵”的功能研究》的硕士论文走红网络,该文作者仅仅透过网民在网络交流软件中较常使用“呵呵”一词的现象来展开话题研究,文章标题切入点小,既幽默风趣又富有生活气息。

不论是宏观的选题还是微观的选题,只要切中自己的研究兴趣,同时又具备一定的社会价值与学术价值,就是值得思考的好话题。近年来学术界相继出现的诸多“奇葩”论文,本是为“奇”而奇,为“论”而论,浪费了社会资源,污染了学术氛围,挤压了原来良好有序的学术空间,正是值得我们青年学者警惕的。

第四,话题的选定还直接关联到了行文风格。说明性的文章要浅显易懂,说理性的文章要条理清晰,不同领域和学科的文章需要有不同的组织方式。当然,话题不同文风亦不同,诸如一些轻松愉快的话题,文章的风格也可适当欢快些;如若话题沉重深刻,那么行文风格也需要做出相应的调整。当然,不论是哪种类型的文章,我们都能写得富有文采。诸如鲁迅先生的《魏晋风度及文章与药及酒之关系》,虽是言及汉末魏初之事,但字字句句皆在针砭广州的时局时事,因而文风幽默而不失深刻,同时又结合了自身学医及父亲病故的切身体验,将“药”与“酒”的话题论出了哲学与人生的高度,可供初学者闲时一观。

---

① 陈雪梅,王昱丁,孙海涛等.中国宠物文化发展及其对宠物经济的影响[J].当代畜牧,2018(21):58-61.

② 陶东风,金元浦,高丙中.文化研究:第三辑[M].天津:天津社会科学出版社,2002:238-252.

第五，话题必须要有可操作性。比如研究外国的文学作品可能需要精通相关的外语，以方便找到一手资料。哪怕是国内的文学作品，有时我们也需要涉及其海外传播的研究，研究鲁迅的作品有可能需要运用到日语资料，研究艾青的作品有可能用到法语资料。因此我们在选择话题时也要量力而行，选择适合自己操作的难度适中的话题。

总而言之，我们需要在日常生活中多多体验，增强敏锐度，以此获得话题的来源，接着确立话题的范畴，选择大小适中的话题，然后了解话题研究所需要的各类基本条件，选择匹配自身能力的话题。

## 二、列出话题“菜单”

在了解了话题的相关概念之后，我们就可以开展下一步工作。

组织一篇文章之前，首先要选择创作者自己感兴趣的话题。很多初学者对于论说文的写作缺乏经验，因而我们可以从关键词的甄选开始。正如我们去餐厅订餐一般，我们也可以为自己制作一张感兴趣的话题“菜单”。

第一步，列出尽可能多的选项，从中找到自己感兴趣的或可操作性强的。

我们可以从学科和专业的领域着手，例如先从总体的学科类别出发，如图 4-1 所示。

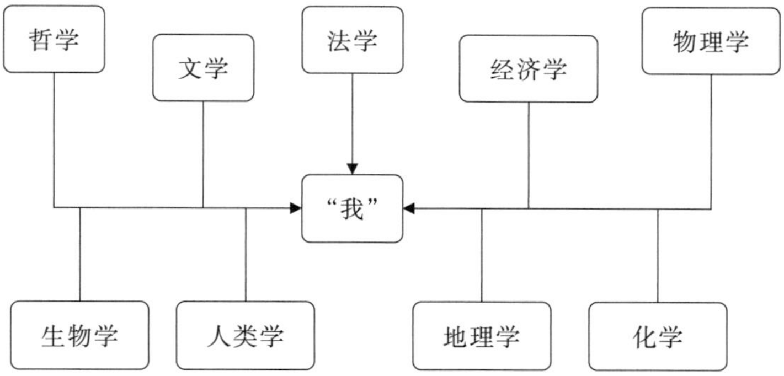


**图 4-1 从学科和专业入手寻找话题**

先让学生选择自己感兴趣的学科领域。如若对于非专业的领域感兴趣，也可尝试了解，诸如每个学科领域都有属于自己的权威入门著作，我们可以从这些著作着手，找到入门诀窍。

确立学科分类后，我们不妨再细化学科分类，将之细化为多重专业，诸如文学可细化为如下方向（见图 4-2）。

考虑到毕业论文或是毕业设计的训练，本科生的论文写作话题大多是从本专业出发，在此基础上通过自己的独立思考，构想出自己感兴趣的方向。

研究生的论文写作话题可进一步深化，由深入浅可分为三个方向，难度较大的莫过于填补目前研究领域的空白，这项工作较难开展，需要宝贵的一手资料，诸如之前考古队在江西发现的海昏侯墓。难度适中的可发现新的研究思路，改善原有的研究方法，从跨学科

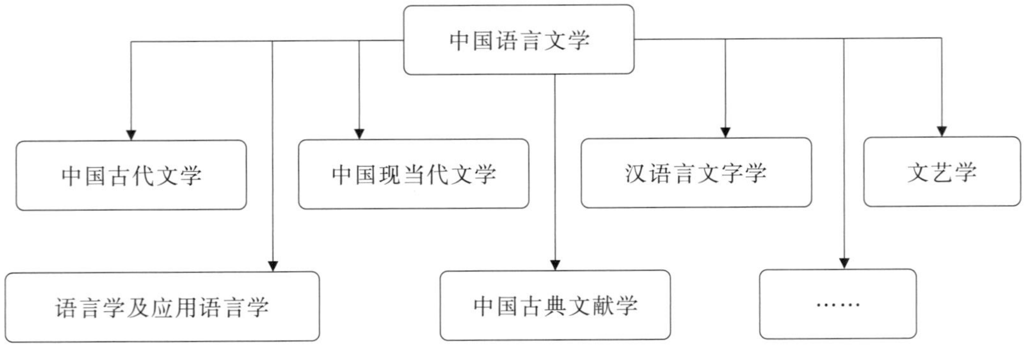


图4-2　文学细分方向

的角度来展开自己的研究。诸如Katia Canton将童话研究跟芭蕾舞艺术结合起来，出版了*The Fairy Tale Revisited:A Survey of the Evolution of the Tales,from Classical Literary Interpretations to Innovative Contemporary Dance-theater Productions*(《重温童话：从经典文学阐释到当代舞蹈剧创新的故事演变研究》)。再如理查德·A.波斯纳将法律与文学相结合，写出了著名的《法律与文学》。

在专业基础之上，我们还可以发现海量的话题，我们暂将所有的论文话题范畴归纳为三类，此即勒内·韦勒克和奥斯汀·沃伦在《文学理论》艺术中所提的文学理论、文学批评及文学史。

仅以中国现当代文学的分支儿童文学为例，我们便可找到许多有趣的写作话题。从文学理论的范畴，我们可以研究“儿童本位”理论，“儿童反儿童化”理论及“分级阅读”理论等；从文学批评的角度，我们针对某个作家或某个作品进行详细细致的研究；从文学史的角度，我们可将儿童文学的发展史作为对象进行论述，如2007年出版的“风信子儿童文学理论文丛”就主要从文学史的角度来研究，包含了《外国儿童文学发展史》《中国儿童文学发展史》《中国儿童文学理论发展史》《中国童话发展史》《中国幻想小说论》等著作，当然也有以阶段性的历史时期作为切入点来进行研究的著作，如王泉根的《现代中国儿童文学主潮》等。勒内·韦勒克所说的三个角度有时还会发生重合，如美国学者凯瑟琳·奥兰丝汀的《百变小红帽：一则童话三百年的演变》既涉及了关于作品本身的文学批评，又与“小红帽”这个童话的研究历史结合起来。再如有学者曾将雅克·拉康的镜像理论与刘易斯·卡罗尔的《爱丽丝漫游奇境记》相结合，这就是具体文学作品的批评与相关文学理论的融合。

不同维度的话题相交合，往往能够产生新的火花。

当然，也有人认为，“构建论文时，你最好使其围绕某个学术问题或争议，而不要紧盯住某个空白领域。论文应着眼于一系列需要解释的现象，你可以将这些现象称为不易识破的谜，然后给出有趣并且正确的谜底”。[①]

第二步，从众多选项中找到切实可行的研究话题。研究话题有以下三个主要的特征。

① 帕特里克·邓利维.博士论文写作技巧[M].赵欣，译.大连：东北财经大学出版社，2009:18.

首先，话题要具备原创性，杜绝抄袭和重复。原创性即通过研究者独立思考和调查所选择的话题，而非人云亦云。

其次，话题要有一定的逻辑性，条理化及系统化地展开论述。逻辑性确保了话题的严谨，使论文有据可依，有脉可寻。

最后，话题要有可读性，要求针对自己的专业深入浅出地输出观点。专业性越强的论文受众面越小，基础性越强的论文则普适性越广。专业的本科生经过一段时间的训练，可以熟练地掌握一些理论术语及理论方法的运用，从而写出符合专业规范的令“外行”不甚理解的学术论文。然而，不论是何专业度的论文，其最终都有一定程度的社会应用及实践价值，一旦涉及这一层面，其势必需要普罗大众的理解与支持。所有新兴产业的研发与投入使用，都离不开相应团队的宣传和推广，在此过程中都需要建立一套适宜大众理解的话语。话题也是如此，话题的可读性越强，传播度越广，将之转化为实际的可能性也就越大。

简言之，我们在论文话题的准备中，需要尽可能多且准确地选择话题，并在其中依据话题选择的三要素，即原创性、逻辑性和可读性，找到具有可操作性的话题，进入下一步的写作准备中。

## 第二节　从话题到问题

### 一、中心问题

问题，顾名思义，是指要求回答或解答的题目。

你的文章主要是写什么的？你的创新点在哪里？你希望实现哪些目标？在写作论文之前，我们需要明确这些问题。一篇论文，或者说一部著作，总是有一个中心问题。

中心问题，指的是能够用三言两语将自己整篇论文乃至著作讲清楚的核心观点。帕特里克·邓利维在那位教授博士生写作论文的著作中戏言，“在到处都是陌生人的宴会或酒会上，有人走过来和你攀谈，询问你的职业状况。一旦你承认自己正在攻读博士学位，你的谈话伙伴就无疑会继续追问你的研究方向。这时，你大概有两分钟的时间来说服对方，让对方相信你已经胸有成竹并且你的论文研究意义重大，从而打消对方的疑虑”。这类“宴会测试”实际上能够非常简单有效地检测出一个人对于自己所从事的研究项目的了解程度，也能够检测出论文的中心问题究竟是什么。

我们不妨进行一个反向推导，在自己投入创作和研究之前，可以先学会概括一些论文或著作中的“中心问题”。诸如我国著名社会学家和人类学家费孝通的代表作《江村经济》，其中心问题就在于调查太湖附近开弦弓村的经济制度和生活方式是如何运作的。我们发掘“中心问题”的过程，本质上是梳理论文核心框架的必经之路。在早期文献阅读和整理中，有些文献可能来不及全部阅读完毕，此时我们也可以通过梳理“中心问题”的方法来建立阅读脉络，快速抓住阅读的基准方法。

也有一些书籍的“中心问题”乍看上去十分不明显，如《诺贝尔奖获得者与儿童对话》

就是一例。全书分为21个问题，每个问题都富有童趣，但都由该领域的诺贝尔奖获得者来解答，涵盖了关于物理、化学、政治、文学等多个领域。开篇的第一个问题就是："为什么布丁是软的，石头是硬的？"物理学家克劳斯·冯·克利青从基本粒子的构成出发，指出布丁的"分子互相联结得不是很紧密，并且很快便又互相分离"，而石头的原子"已经联结成坚固和有规则的晶格"。这些文章大都深入浅出，既有大师的博学与深刻，又兼顾到了少年儿童的阅读水平。并且，所有的问题统合起来，又指向了一个终极问题——儿童的问题便是人类的基础问题，需要我们用心去寻求答案。

大多数的论文集所面临的问题亦是如此。文集通常由不同的作者单独创作具体的篇目，每个具体篇目都有其对应的中心问题。诸如陶东风主编的《亚文化读本》，内中每个篇目都有专门的作者独立撰写，每篇的中心问题都不尽相同，但所有论文的结合并非是松散的，它们都有着统一的主线，即关注亚文化这一现象的方方面面。从亚文化的一般理论介绍，再到"局外人"的释义，再到亚文化与反文化的比较等，全部围绕着"亚文化到底是什么"这一中心问题展开。

所以说，若是一个文集从头到尾不能使人总结出一个一以贯之的"中心问题"，只能说该文集的逻辑性不强，并不适合结集出版。形散而神不散是早先散文创作的一个理念，将之用于文集或许也可说通，文集所需要的即是每个篇目的中心问题都能服从统一于全书的中心问题，如此才称得上是一个合格的文集。反之，不过是一堆杂文的堆砌罢了。因此，编纂一部书的工作量绝不亚于独立创作一部作品。

中心问题的选择并不是一时兴起，"问题必须与现有的学术文献和争论存在某种持续性的联系。满足这些条件后，问题与答案的相互关系就成为论文是否通过的检验标准"[①]。也就是说，要先进行一部分的调研，才能够准确判断中心问题是否值得进一步深化研究。

哲学家罗伯特·诺齐克曾就"什么是学术问题"给出答案，在他看来，"一个学术问题包含五个组成部分：第一部分是目标，用于判断结果并认定所取得的进步。第二部分是初始状态，即开始时的形势及可用资源……第三部分是可用于改变初始状态的一系列活动和资源，比如新数据、一套研究方法等。第四部分是限制性条件，用于识别某些不可行的活动。最后一部分是结果"[②]。

## 二、真假问题

对于许多初学者而言，研究性的论文创作在创新方面有很大的难度，这时我们需要借鉴大量的以往文献，帮助确立自己文章所要解决的问题。大部分的本科生毕业论文，陷入了"循环论证"的怪圈。作者们从一开始，就提出了一个"非证明正确"的论断不可。于是，一个接一个的"假问题"诞生了。

"假问题"指的是不需要论证的问题。诸如有同学的论文中心问题是论证左拉的长篇

① 帕特里克·邓利维.博士论文写作技巧[M].赵欣，译.大连：东北财经大学出版社，2009：15.

② 帕特里克·邓利维.博士论文写作技巧[M].赵欣，译.大连：东北财经大学出版社，2009：18.

小说中有“自然主义倾向”，论证《百年孤独》中表现的“孤独性”，论证《源氏物语》体现了“物哀”的日本文学思想，这样的问题设立之初就有强烈的主观倾向。

奥地利哲学家卡尔·波普尔那句“只有可被证伪的知识才是科学”曾引发不小的风波。的确，知识是客观世界的规律总结，不是武断的主观假设。所谓大胆假设小心求证，求证才是最为关键的。因而一个真正的问题不能预设结论，否则就会出现混淆因素的干扰。很多“习以为常”的惯性思维或是论断，很有可能是错误的。在遣词用句中亦是如此，梁文道在《常识》一书中提到：“例如‘最近’，评论家最常使用的一个词，当他写下‘最近’这两字的时候，他已经假设了许多东西不必再说，因为那都是最近发生的事，感兴趣的读者早已知之甚详。”[①]但是这一用词在时隔几年后就会出现弊端，因为背景、社会认知、读者心理已然迥异。在做出任何一项评论和判断之前，我们要先进行辩证地思考和验证，对于问题的提出亦是如此。

真正的问题，是我们在调查社会现象及翻阅文献资料后，经历独立思考和反复推断所提出的，而不是道听途说之后的人云亦云。北京大学社会学博士冯军旗在经过一系列社会调查后，发现了北京地区存在大量由湖南新化人所开设的打印店这一现象，他在此基础上展开了细致的走访研究，最后以北京地区的56所普通本科院校为抽样框，等距抽得8所院校，对其周边的复印店进行普查。最后发现新化县“以技补农”的传统，将“新化现象”提炼成了切实的研究问题，深入挖掘，梳理了新化县打印发展史及其背后的社会文化背景。

真正的问题，是辩证客观地看待某个现象。要绝对去除“先入为主”是不可能做到的，我们已有的知识本身就存在着某些“偏颇”。因此，要想使我们的判断尽可能地客观一些，我们就需要从多个维度和多个视角来看待同个问题。如果要分析一个作家，我们不光要了解与其同时代的作家的相关信息，还要了解其在文学历史上的价值与意义。从横向的类比研究再到纵向的对比研究，我们可以更为全面和客观地看待问题。

可以说，这是一个非常典型的从现象到问题再到研究论文的学术研究过程。在课堂学习中，我们长期专注于由老师提出问题，学生努力给出答案。而在论文写作中，我们要学会的是自己提出问题，再由自己给出答案。

明确具体的问题之后，我们就可以形成论文的标题了。

俗话说，“题好一半文”。这里的“题”指的是文章的标题，但同时也指代了作者的“问题意识”。“问题意识”是透过作者在论文中的中心问题及其之后的一系列问题综合体现出来的。“论文问题的设计应当能够凸显你的研究成果，充分表现这些成果的重要性和趣味性，并且能够为论文增添完整感。”[②]

---

① 梁文道．常识［M］．桂林：广西师范大学出版社，2009：1．

② 帕特里克·邓利维．博士论文写作技巧［M］．赵欣，译．大连：东北财经大学出版社，2009：19-20．

## 三、设计一张问题清单

### (一)对问题进行归纳和排序

在确立完中心问题及问题的有效性之后,下一步工作便是记录所有的子问题并进行归纳和排序。这时,我们就需要一张“问题清单”。

1. 对问题进行排序

在我们已有一些感兴趣的话题后,我们需要将之记录在笔记本上,然后按照重要程度来进行排序。

加拿大学者佩里·诺德曼和梅维丝·雷默试图以“培养儿童文学的乐趣”为话题展开研究,设计了以下问题。

(1)阅读的乐趣是否可以被教授?

(2)如何从儿童文学阅读中获得乐趣?

(3)如何教授儿童文学的阅读乐趣?

2. 丰富和充实问题

在这三个大问题的下面,又可设置若干子问题,以此丰富和充实原有的问题,举例如下。

(1)为何每个人都要阅读文学?为何儿童要阅读文学?

(2)人们通常应该如何阅读文学?儿童应该如何阅读文学?

(3)在人们理解自身及其周围世界的过程中,文学扮演着,或者能够扮演什么样的角色?

(4)儿童对于他们自身及其周围的世界能够了解多少,或者应该了解多少?

(5)文学理论、认知理论及教学理论,在什么程度上帮助读者理解这些事情?

(6)谁为儿童选书,或者谁应该为儿童选书?他们应该选择什么样的书?为什么?

(7)玩具、电视和电影,是如何影响体验和理解文学的方式的?

(8)图画书、童话及诗歌,在儿童的想象和智力活动中,能扮演什么特殊的角色?

3. 给出建议和答案

最后,两位学者遵循这一系列的问题清单,一一给出答案和建议。这就是之后成为儿童文学理论界经典论著的《儿童文学的乐趣》。

### (二)设计问题清单的步骤

设计“问题清单”需要遵循几个固定的步骤。

首先,我们要尽可能多地构想出该研究可能涉及的问题,将之统一记录下来。这些问题包括话题所涉及的“中心问题”,以及相关的“主干问题”,其中“主干问题”需要涵盖“中心问题”的所有方向。每个“主干问题”又可继续细化为更细的“支问题”,以此类推,最终形成一个系统的问题网络。我们可以运用思维导图等软件不断细化和调整问题网络的层次及顺序。小规模的项目研究通常可由负责人单独完成,大规模的项目研究通常需要建立相应的团队,固定或流动的工作小组,小组课借助头脑风暴来解决,也可开展一系列的小组会议,由浅入深,层层递进地展开一个项目。

其次,在“问题清单”的选择上,要尽可能地选择有逻辑相关的问题来进行研究,紧扣“中心问题”来提出,而不可天南海北地畅想,不利于研究论文的主线创作。诸如我们的“中心问题”是研究不同阅读基础的儿童在同一时间内展开阅读体验后的认知发展,则所有相关后续问题都要紧随其后提出,“选择具体哪个年龄段的儿童来进行研究?”“参照组如何设立?”“选择哪些具体的阅读文本?”“儿童认知发展的具体测试标准如何建立?”等。所有确定在清单上的问题,事后都需要反复商榷或讨论后决定。

最后,“问题清单”的确立有其未来意义。有时某个课题或是论文结束了,但是“清单”上的问题并未得到完全的解决,我们就可借助后续研究来进行完成,形成可持续地系统研究。

### (三)课堂实践

投入课堂教学中,我们有时可以让学生参与到课堂环节设计中来。比如以法国作家莫泊桑的《项链》为例,我们曾让54名学生参与课堂问题设计,最终获得249个问题,其中除去重复及无效的问题,最后得到95个具体问题。我们将这些问题进行归类,就能够清晰地了解到学生们的思维动向,在95个具体问题中,一级问题有5个,二级问题有13个,三级问题有77个。

在5个一级问题中,热度最高的问题为“《项链》人物形象分析”,有47个问题都指向对玛蒂尔德这一女主人公性格的分析(当中重复问题22个),有10个问题指向对于佛雷斯杰太太的分析(当中重复问题2个),有16个问题指向对于玛蒂尔德丈夫卢瓦瑟尔的分析(当中重复问题6个)。可以想见,关于玛蒂尔德的理解正确与否决定了对于《项链》人物分析是否到位。第二个一级问题为小说的中心思想及艺术手法,除去重复的问题,一共讨论设计出了9个二级问题,每个问题下属的子问题数量不一,关注度最高的是与情节相关的问题(共有7个),以及小说后续发展的问题(共有6个)。第三个一级问题为小说的背景问题,诸如对于作者的了解及作品当时历史文化背景的分析等。第四个一级问题为与读者相关的“设想”题,最后一个一级问题是对比阅读,有同学提出要将莫泊桑的《项链》与欧·亨利短篇小说乃至《红楼梦》进行对比阅读。

“问题清单”的设计可由多人分散进行,其优点在于分散性广,不受时间地点的约束,但缺点在于缺乏讨论碰撞与反思批判,因而极有可能出现重复劳动。因而,在“问题清单”的设计之后,我们需要借助“头脑风暴”,来让我们所设计的问题更具有针对性。

## 四、头脑风暴!一起来吧!

当我们已有一些“迫切需要解决”的问题清单之后,就可以分小组来进行头脑风暴(brain-storming)了。“头脑风暴”一词起初为精神病理学用语,泛指精神病患者精神错乱的状态。后由美国亚历克斯·F.奥斯本吸收，创立了头脑风暴法（brain storming），特指在团队活动中更好地群策群力、激发众人创造力和想象力的方法。这一方法早期用于广告公司的策划活动中，后由于收效较好，广泛渗透到了其他行业。

以下我们简单根据人本主义心理学派的理论来进行一次头脑风暴。活动内容为根据一个人的童年记忆来了解她/他的性格。活动要求分小组建立团队，在理想的小组规划中，我们可以将小组的人数设定为3～8人（这一规模可视具体情境而改变）。此处仅以笔者在实践教学活动中的一次案例为切入口（小组构成：8人一组），活动具体流程如下。

**（一）步骤一**

首先需要由教师向每组学生发下一张白纸，由每个人在白纸上写下自己对于童年的一段（或者几段）简单的记忆，要求越早越好。时长限制约为20分钟。

**（二）步骤二**

当学生全部完成后，由我随机选取其中一位学生的答案。

> 在我一岁左右的时候，我在床上看见一条蛇从门口爬了进来，我很兴奋，从床上下来，向它爬去，那是一条黑色的蛇，外面阳光不错，外面的林子很绿，在我快要接触到它的时候，我爸妈慌忙地过来了。

我将之投放到大屏幕上，由组内其他7位同学根据其文字提示来分析该同学的性格，并对之提出假设及疑问。

**（三）步骤三**

接着需要展示学生分析的答案。

在这个活动中，我们需要解决的中心问题是："这个同学的性格是什么样子的？"通过对该同学的了解，我们可以看出他与自己，与他人乃至与这个世界的关系是如何的。我们得到的问题清单如下。

（1）蛇是危险的象征吗？

（2）你长大后还怕蛇吗？

（3）你的爸爸妈妈给你很多的限制和压力吗？

（4）看见蛇是不是意味着你有很强烈的好奇心？

（5）爬这个动作是不是说明你是一个对待他人很平等的人？

（6）在一些文化中，黑蛇是诱惑的化身，你是一个禁不住诱惑的人吗？

（7）当时你只有一岁，你的记忆是真实的吗？

（8）你的父母是不是从小给你很多的爱？

**（四）步骤四**

通过这些问题，我们可以进行问题的归类。

首先，(1)(4)(6)都涉及了蛇的象征意义，可以归为一类。通过这三位同学的提问，事实上将这个文本引向了三种不同视角的解读。如若蛇象征着危险，那么该同学会是一个勇敢大胆、不乏探险精神的人。如若蛇象征着未知的事物，那么该同学则是一个勇于打破传统、不因循守旧的人。如若蛇象征着无限的诱惑，那么该同学可能是一个易于被影响和引导，不容易坚定自身信念的人。

其次，(2)(3)(8)都涉及了父母的教育及后果，也可以归为一类。示例文本中的父母“慌忙地过来了”，我们通过问题(3)来看，父母有点过于保护这个孩子了，可能在孩子成长的过程中给予了太多的压力，使得孩子长大后仍然念念不忘父母童年时带来的“干扰”。我们再通过问题(8)来看，这对父母只是单纯地疼爱孩子，孩子的回忆中满载着对于父母的感谢和爱。这两个解释最终带来了问题(2)的疑惑：这个同学长大后是否还怕蛇？无论父母是疼爱还是专制，他们的行为究竟对孩子造成了怎样的影响？孩子长大后究竟是受到了惊吓从此害怕蛇，还是干脆起了逆反心理更喜欢蛇呢？别着急，这里有一个小小的“设计”。之前我未公开所抽取的同学的姓名，而是令他混在同学们当中，也提了一个问题。他正是(3)号问题的贡献者。

再次，问题(5)的切入点与其他人完全不同，只有这位同学注意到了“爬”这个动作。尽管一岁的孩子的确不能从容地行走，但是这段记忆是由一个19岁的成年男生提供的，他在回忆中特意强调“爬”的动作，是否也是有用意的呢？如果我们结合之前的问题，或许可以解释为他希望获得平等的对待。

最后，问题(7)没有贡献对于文本的解释，而是在其他同学之外独辟蹊径，从根本上质疑了故事文本的真实性。在此需要特别解释的是，本活动所采取的是阿尔弗雷德·阿德勒（以下简称阿德勒）的相关理论，阿德勒认为，“探索童年记忆是理解原型、理解个体本性的有用工具之一”。[①]并且，“在记忆中，最关键的是他能够回忆起来的最早的事情及他所采取的描述方法。最初的记忆是一个人人生观的雏形。通过最早的记忆，我们能够看出他发展的起始点究竟是什么”。[②]此即是说，一段记忆的真实性如何其实并不是最重要的，关键在于我们自身赋予这段记忆的意义。这意义就关联到我们的“生活意义”。“记忆之所以重要，就在于人们对它的解释、对它的定义，以及这些记忆对现在及将来生活的影响。”[③]

相信各位已然了解，在阿德勒的学说中，很多时候，一个人的早期记忆，是与其人生信念的形成息息相关的，而人生信念，关乎到了我们对很多事情的看法。发现这些信念的好处在于，可以帮助自身修正原有的不够客观的私人逻辑，可以更好地理解他人，从而改变

---

① 阿尔弗雷德·阿德勒.理解生命[M].张俊贤，译.北京：新世界出版社，2016：12.

② 阿尔弗雷德·阿德勒.生命对你意味着什么[M].王倩，译.海口：南海出版公司，2015：76.

③ 阿尔弗雷德·阿德勒.生命对你意味着什么[M].王倩，译.海口：南海出版公司，2015：19.

我们对待他人的方式,从而改变他人的私人逻辑。延伸到学术创作中,可以让我们更好地了解一个事件,一个观念背后,思维是如何运作的,真相是如何“被”形成的。

当然,随着心理学的日新月异,后续的心理学派也曾对阿德勒提出过强烈的质疑与批评。所以,该活动只是作为我们认识了解一个人的参照,只是作为可能性的一种,并非是标准依据。

**(五)步骤五**

将同学们头脑风暴后的结果统合并整理成问题清单,重新反馈给被分析的同学,由他不限制地勾选自己认为合理的一些问题及解释。以上活动中被分析同学明确确认的有两项。

(1)长大后还怕蛇。

(2)爸妈给我很多的限制。

**(六)步骤六**

全体师生再根据该同学已勾选的问题继续讨论交流,提出更多的问题,最后形成一份相对全面的性格分析报告。

以上便是根据阿德勒的“私人逻辑”理论所延伸出来的课堂分析活动。阿德勒的“私人逻辑”主要针对有异常心理状况的病人所提出,而课堂中所使用的私人逻辑概念则是在其基础上主要针对正常人提出的。

通过小组讨论与头脑风暴,我们能够很好地集“观点”之大成,切实可靠地找到问题的关键点并进行突破。学术研究的道理不外如是。

将头脑风暴的方法用于论文创作中,可以很好地帮助科研团队规避一些误区和风险,更好地利用现有资源,实现资源的最大化和最优化。同时,秉持着多元共生和多元发展的理念,更多领域人员的参与可以帮助我们打开视野,更好地完成研究工作。

## 第三节　提炼和拓展主题

### 一、从问题到主题

当我们完成了对于文章的问题思考后,就可以尝试着确立文章的主题了。主题是指文艺作品中或者社会活动等所要表现的中心思想,泛指主要内容。

“假设你正准备写一篇文章,第一件事就是要选择主题。”①

主题接近于我们之前所讨论的中心问题的范畴,但还剩下一步工作,那就是“质疑”。此处的“质疑”指的是针对你所选择的主题进行辩证性的思考。我们并不能确立所有的主

① 亨利·塞德尔·坎比,等.耶鲁写作课[M].范斌珍,祝欣,译.南京:江苏凤凰科学技术出版社,2019:3.

题都适合展开。帕特里克·邓利维指出,“一个‘未经质疑的’论文主题常常无法为学生提供有价值的学术方向,也无法在考核阶段为学生提供支持”。①

有时我们需要重新返回到上一步的“头脑风暴”当中,让更多地参与者帮助你的文章创作。

切记,永远不要害怕讨论和修改你的论文选题。

很多高校都会举办“开题报告会”活动,一般选择几名专业教师,针对自己各自领域的学生选题进行提问和指导,活动时还需要配备1～2名“开题”秘书,通常由下一届的学生来担任,这也是提前为他们接下来的论文书写提供经验。

如果你对自己的选题不是很有自信,那么不妨多参加几场本专业的“开题报告会”,仔细记录开题过程中专业老师的提问。甚至于可以自我提前预测,模拟老师提问。“博士论文的原创性可以体现在两个方面,一是论文叙述了‘新事实的发现过程’,二是论文体现了‘独立判断能力的运用’,或者两者兼具。”②

在“开题报告会”过后,许多高校还会举办预答辩和正式答辩,帮助学生更好地完善论文的选题、框架及正文。某些专业有时还会实施三级论文制度,从课程论文的训练再到中期论文的训练,最后完成毕业论文的写作。

有学者认为,“刚刚开始论文写作的学生常常会犯两种错误:要么过度依赖现有文献,要么过分夸大自己研究的新奇性和价值”③。除了广泛阅读和资料搜集之外,在论文写作中,我们更强调建立起独立自主的思考,积极地发掘资料文献中的“问题”。

从话题到问题的阶段,我们只是在现象的表层停留。接下来要做的,是深化和充实自己所选择的话题和问题。

维琴尼亚·萨提亚女士认为一个人的“自我”就如同一座冰山,我们能看到的只是表面的一部分行为,其实内里还有更深厚的层次。到了主题的层面,我们希望将原先所发现的现象进行溯源和分析,找到那些简单的问题背后的“冰山”。

在近期新兴的网络文学领域,就有许多有趣的研究问题。这些文章结合在一起,就会形成一个大的主题,此即流行文化与集体无意识之间的关联。

在比较文学学科领域内,主题学是一种专门的研究方法。“主题学研究集中体现为一种跨文体、跨学科、跨文化的文本审视眼光,以及对国别文学中作品之间关系的关注。”④

## 二、拓展主题

### (一)拓展主题的作用

在确认论文的主题之后,我们需要一定程度的拓展。拓展,顾名思义,即是展开一个

① 帕特里克·邓利维.博士论文写作技巧[M].赵欣,译.大连:东北财经大学出版社,2009:19.
② 帕特里克·邓利维.博士论文写作技巧[M].赵欣,译.大连:东北财经大学出版社,2009:21.
③ 帕特里克·邓利维.博士论文写作技巧[M].赵欣,译.大连:东北财经大学出版社,2009:22.
④ 王立.20世纪主题学研究的价值定位[J].广东社会科学,2011(1):185.

主题。这是横向的研究。诸如我们看到鲁迅的《故乡》,会联系到契里珂夫的《省会》。看到《狂人日记》,会联系到果戈理的《狂人日记》。同类题材之间的横向拓展能够帮助我们有效地厘清思路,找到作品的特质与价值。

1852年首次出版的《汤姆叔叔的小屋》是描绘美国黑人和白人矛盾的经典著作。大约10年之后,美国南北战争正式爆发,从1861年拉锯到1865年,为美国人民的生活带来极大的伤痛,玛格丽特·米切尔的著名小说《飘》就描绘了这一时期南方庄园主们的生活。不同于《汤姆叔叔的小屋》中对白人的深切谴责,《飘》展现了完全不同的视角与价值观。玛格丽特·米切尔积极刻画了美国南北战争的出发点并不正义。小说开篇便提到了战争爆发前,南北双方一触即发的根本问题,即在于"州权"与"脱离联邦"。不同于以往所说的解放黑奴战争,在玛格丽特·米切尔这样一个美国南部作家看来,这场战争的出发点并不单纯。在南方种植园主们还在开派对聚会时,双方的战事准备已经一触即发。

斯佳丽的父亲杰拉尔德说过:"南方应该用武力来表示我们是不可侮辱的,而且我们脱离联邦不是靠他们发善心,而是靠自己的实力。"[①]"州权""脱离联邦""战争"是当时的谈话重心。而这一切,正是北方政府发动战争的主要根源。

无独有偶,华裔作家夫妇林达在"近距离看美国"系列中也注意到了这一问题。林达指出"直到南北战争,黑人的力量依然没有成长起来,他们还是只有少数的偶发的小规模反抗,根本无法与当时南北两大实体的对峙同日而语。而这个对峙的双方,都是白人"[②]。因此,在这场打着"解放黑奴"旗号的战争中,只是两方白人矛盾对峙后,一方想出的战事方案罢了。当时的南方对美国联邦感到失望和厌倦,想要联合,重新成立一个联盟。"林肯总统除了是一个坚决反奴隶制的人之外,他还是一个极其重视维持联邦的人,而且,后者甚至强过前者。"[③]南方之所以能够令北方产生这类困惑的原因,也与美国自身独立的历史关联。美国最初是一个移民国,主要移民来自英国,因此《独立宣言》中提到了"separate""separation",既可以理解成为"独立",也可以理解为"分离"。南部联盟的逻辑线索很清晰,既然联邦政府最初是从地区分离独立起来的,那么自己也可以如法炮制。在玛格丽特·米切尔的作品中,作者借由书中人物斯图尔特说出:"北方佬可能害怕咱们,可是自从前天波尔格将军把他们赶出萨姆特要塞以后,他们只好打起来了。"这次关于萨姆特堡的战役,是由南方挑起的,也成为南北战争的开端。

为了能够实现联邦统一的目标,林肯在战争爆发的第二年,即1862年的9月颁布了著名的《解放黑奴宣言》,自此,由统一联邦政府所产生的战争变成了解放黑奴的战争。之后的结果有目共睹,北方取得了决定性的胜利。

从《飘》的立场看来,北方发动了名义上解放黑奴的战争,而真正支付代价的是南方人。美国的联邦政府借着解放黑奴的由头侵占南方的领地,使整个国家的无辜公民陷入

① 玛格丽特·米切尔.飘[M].陈良廷,等译.上海:上海译文出版社,2010:104.
② 林达.我也有一个梦想:近距离看美国之三[M].上海:生活·读书·新知三联书店,2013:220.
③ 林达.我也有一个梦想:近距离看美国之三[M].上海:生活·读书·新知三联书店,2013:222.

战祸。南方青年阿希礼在走上战场后发现，“我们实在不应该跟北方佬打仗。我们打这个仗是上了政治家和演说家的当”。他认为世界上没有任何东西值得他们在这场战争中付出如此大的代价，不论是南方还是北方，从来都只是政治家们的斗争。“我们打这个仗根本没有什么可值得自豪的——得到的只是苦难和屈辱。”[①]小说中还揭露道，当时北方士兵在占领区犯下的恶行可谓是罄竹难书，他们甚至还将内战中被俘的南方士兵派去同印第安人继续作战。

战争过后，黑奴的命运没有好转，因为南方开启了长达百年的种族隔离的噩梦。由于北方政府并没有安置被解放的黑人，这导致大批的黑人失业，原先在种植园中工作的黑人缺乏必要的谋生经验，更遑论参加各类技能的培训，这份突如其来的缺乏保障和后续安置的自由，令他们迅速陷入了困境中。同时，战争使得南部白人仇视黑人的情绪日益高涨，开始了长达百年的种族隔离。最终在一百年后，诞生了黑人领袖马丁·路德·金发表的那篇著名的演讲——《我有一个梦想》。1963年8月28日，他如是说道：“100年后的今天，在种族隔离的镣铐和种族歧视的枷锁下，黑人的生活备受压榨。”

证实马丁·路德·金所说的，是作家哈珀·李，她的长篇小说《杀死一只知更鸟》就讲了这样一个故事。故事背景为美国1929—1933年的大萧条时期，一个残疾的黑人青年被指控强暴了一个白人姑娘，原告的指控错漏百出，但法庭仍然宣判黑人有罪。帮助黑人汤姆辩护的白人律师阿蒂克斯也被镇上的居民孤立和指责。阿蒂克斯为此在法庭上义正词严地指出：“在我们的法庭中，一切人都是生来平等的。”[②]小说旨在宣扬种族隔离和种族矛盾带来的恶劣后果及影响，说明“长期的隔离，使得南方的白人对于异族犯罪的敏感程度，到了一触即发的地步”。[③]美国电影《阿甘正传》中也出现了类似一幕，亚拉巴马州州长乔治·华莱士的种族隔离政策导致两名黑人学生被阻拦在阿拉巴马大学校门口，最终是肯尼迪总统的保护才使得这两个学生得以进入校园。

在美国，还有许多如上这样关于种族隔离种族歧视主题的作品，但是作家们的态度值得玩味。诸如乔治·华莱士的拥护者阿萨·厄尔·卡特一方面是3K党的领导，另一方面又创作出了《少年小树之歌》这样抵制种族隔离，宣扬保护少数族裔的少年儿童文学作品。

就在《杀死一只知更鸟》发表的20世纪60年代，黑人民权运动正开展得如火如荼，但这些组织发动了“夏季自由计划”，他们动员成百上千的大学生，有白人也有黑人，经过训练后被派往密西西比河周边的城镇，就是《汤姆·索亚历险记》发生的地方，宣传教育黑人民众，但是，黑人民权组织甚至考虑到，一旦出现大学生发生危险的时候，如果被害者是一个较上层家庭的孩子的话，就可以在社会上引起更大的影响，更有利于黑人民权运动的推进，更不利于极端南方的固守。于是，他们有意识地到北方的各个著名大学去招募志愿者。最终导致一些白人大学生被谋杀。

① 玛格丽特·米切尔.飘[M].陈良廷，等译.上海：上海译文出版社，2010：234.

② 哈珀·李.杀死一只知更鸟[M].高红梅，译.南京：译林出版社，2012：251.

③ 林达.我也有一个梦想：近距离看美国之三[M].上海：生活·读书·新知三联书店，2013：95.

如今,美国的种族问题开始变得更为复杂,已不局限于黑人和白人之间。比如1992年“洛杉矶暴动”事件,起因是几名白人警察在追捕时违法打了一名黑人。然而,在骚乱期间成为黑人主要抢劫和破坏目标的,却是亚裔商店。“其中一名黑人牧师对记者说,这些亚洲人从不知什么地方跑来,却要夺去我们的工作。”①

由此,林达夫妇也提出了结论,“一个新的概念(如多元文化)的产生,哪怕相比原来的流行观点,有非常明显的进步意义,它也会在改变这个世界的同时,带来许多新的问题”。②

以上这些拓展思考有助于我们更好地把握一部作品,尽管每个时代的作者都不由自主地受限于那个时代,但每个时代都有各自不同的声音。通过横向的对比研究,更有利于形成多元化的思想,得出相对客观的结论。

### (二)拓展主题的步骤

那么,如何在实践教学中有效地引导学生对相关主题进行横向拓展呢?我们也可以简单分为三个步骤。

第一步,对于任何主题,我们都可以运用马克思主义哲学中的二元对立思想,将之先简单分为两个对立面。以上述话题为例,以分析“死刑”为主题,可以分为“支持死刑”及“反对死刑”两个简单的论点。教师可随机将论点各异的学生分成两个组进行辩论。在辩论过程中,教师要全程参与指导及总结,帮助每一个发言的学生厘清思路,输出观点,在两方对垒中反复切换身份,引导学生说出更多论点。

第二步,在学生辩论结束后,令其仔细总结自己观点,同时结合对方观点进行下一轮的驳斥,并将所有思考记录下来,形成对于这个主题思考的初稿。在资料收集完毕后,再由教师引导所有学生总结梳理两方交叉重复的观点。的确,所有辩论活动中,经常出现双方都可交叉言说的区域。这些区域的存在刚好造就了辩论活动的可行性,同时也帮助学生确定,没有任何一个观点是绝对的,我们要辩证统一地看待问题。所有工作结束后,教师最后组织学生思考:中国的法律制度中仍然保留死刑的意义和价值在于哪里?这就需要学生结合历史、文化乃至经济政治等方面进行论述。

第三步,可让所有参与活动的学生找到自己感兴趣的切入点,例如从经济学的角度思考保留死刑的意义,再如从文学作品中找到与死刑相关的论证。这一步骤与以上两个步骤不同之处在于,对于主题的横向拓展,我们一定要有据可依,有信可立,而不可盲目发散,失去重心。

对于刚刚开始学习写作的学生们而言,拓展的方向把控很关键。因而在主题的横向拓展中,我们时常也需要各类“监督”的声音。学生们在习作初稿完成后,可由其制作成汇报报告,向班级同学讲解,同时让台下的同学提出意见,修改指正。诸如有学生在对汪曾祺《大淖记事》的解读中,以“美人”的精神内核为主题,拓展讨论了“巧云”与《傲慢与偏见》

---

① 林达.历史深处的忧虑:近距离看美国之一[M].上海:生活·读书·新知三联书店从,2013:12.

② 林达.我也有一个梦想:近距离看美国之三[M].上海:生活·读书·新知三联书店,2013:443.

《生死场》中一系列美人的不同，得出美人在骨不在皮的论点。相关同学在聆听报告时，就及时提出了反馈，针对其拓展内容，认为应该将“巧云”与汪曾祺其他作品中的相关“美人”对比阅读更为妥当，这样可使文章的重心不致偏移，主题不致摇晃。另有学生提出可再拓展分析研究《大淖记事》的风俗文化背景，加深对于小说人物的理解。这些来自不同方向的评述与建议可以很好地帮助学生们确认主题，拓展主题。

## 三、深化你的主题

如果说拓展是横向的研究，那么深化则是纵向的研究。我们需要借助历史发展观的角度来看待一个现象。

费孝通的《生育制度》可以为我们提供一个优秀的案例。作者在著作的开头提出了一个关键性的中心问题：人类为何要延续自己的种族？

这个问题进而引发了后续一系列的连锁问题。研究者先排除了生育是一项本能，以中国古代为例，生育一直是“鬼门关”，由于医疗技术的落后和营养水平的不足，古代因生育而死的妇女不计其数，并且，孩子的生养极为复杂，古时夭折的数量亦不计其数。不同于动物有本能的繁衍倾向，哪怕为此付出生命的代价也在所不惜，人类作为一个种族，本可以跳出从性爱到生殖的过程，为何还前赴后继地生孩子呢？

这个问题的答案指向了两个基本的方向：其一是人类无法避孕，其二是生育对于人类而言是有利的。第一个假说被很快推翻，因为根据研究，哪怕是在一些极为偏远落后的原始部族，都有着相关的“避孕”手段。费孝通随之将问题的关键点引向了第二个方向：生育为何是有利的？

单纯从生理影响来看，生育对于母体可能是一种营养上的掠夺，精力上的消耗。“单为生存，人也许可以像低级动物一般，一切靠个体去经营。若这是可能的，人类的生活也一定简单得和低级的动物差不多。可是我们尽管还不满意目前的享受，和低级的动物比一比，总可以踌躇满志了。什么使我们的生活高出于其他动物这样远的呢？最直接的回答是人类大大地利用了分工合作的经济原则。换一句话说，人类组成社会，社会给了人类现有的生活程度。”[①]也就是说，不同于动物的“即时满足”，人类由于拥有较高的智商，学会了延迟满足，因而人类愿意耕种蔬菜，畜养动物，这一切的活动所带来的效益都在于之后满足，并不能够即时得到。人类能够看到较为长远的利益，并为之付出努力与实践。单从经济的角度来看，生育对于人类而言短期之内几乎没有任何回报，初生婴儿需要消耗父母极大的精力和财力，但从整个人类社会的长期规划来看，是有非常积极意义的。人类生存条件的好坏取决于社会结构，社会结构越完善，人类的生活水平越好。举个简单的例子，我们想吃得更好，就需要有更多的餐厅，餐厅需要服务员与厨师，餐厅营业初期也许需要银行贷款，银行借贷需要依靠民众储蓄，民众储蓄需要依靠各类工作。这就形成了一个简单的循环。因此，一个社会团体中行业越多，分工越精细，这个团体内部的人员的生活就更

---

① 费孝通.生育制度[M].北京：商务印书馆，1999：112.

为优越。而所有社会结构的完善都需要依靠大量的人力来完成,这就需要繁衍和生育。所以,如果我们希冀于一个繁荣的社会,就需要有满足这个社会发展过程中所需人员的数量。

一句话,生育制度保障着人类正常生活的需要。

从这个结论出发,费孝通又解释了人口控制的问题,认为人口的消长很大程度上取决于社会结构的设置。“人口众多是症候,而不是病源。除非中国农业里能采取别的动力,不依赖体力劳动,人口才能逐渐减少。”[①]这在一定意义上暗合着21世纪以来中国社会人口增长的现实因素。

同时,生育制度的确立还影响了婚姻制度的形成。因为生理抚育是单系性的,而社会中的婚姻体系是双系性的。两性共同抚育孩子制度的形成,取决于对生育制度的确保。由于孩子成长需要“全盘的生活教育”且“这教育过程相当长”,因此单系抚育发展成了双系抚育,整个社会对于父亲育儿也有了积极的号召及呼吁。

由此,一整条研究线索就此诞生,人类延续自己种族的根本原因在于人类期待一个更好的社会,这个社会需要有足够多的人数来保证,因而人类社会建立了生育制度,确保每年有足够多的人能够出生并投入社会的各行各业中,保证整个社会有序有效地发展。同时,确保社会人口的方式除了生育之外还需要建立完善的养育制度,因而双亲共同抚养的婚姻制度也随之诞生,为了确保婚姻的稳定性,整个社会又为之建立了许多的约束与保障,诸如让父亲投入孩子教育养育中来,提供相应的法律制度来保证婚姻存续的可靠性等。

在《生育制度》中,我们可以追寻到作者研究的脉络,从一个简单的生育繁衍现象着手发散到多个社会领域问题的考证,并且抽丝剥茧,层层深入地挖掘现象背后的原因,从人类的诞生追溯到人类生育制度的源起与演变,追溯到文化传统的发展由来,此即深化主题。

深化主题意味着从一个简单的问题或现象开始,到达其背后时代历史等方面的深刻原因,它指导我们要用发展的进取的历史的眼光看待问题。

## 第四节　具体步骤

从话题到问题再到主题,我们需要层层叠加,逐步推向具体的研究。话题需要的是发散思维,能够从一个点联系到另一个点,进而展开一个具体的领域来研究。问题需要的是逻辑思维,让研究者可以系统性地将所有的资料连贯起来,去芜存菁,化整为零。主题需要的是批判思维,令人辩证统一地看待问题,并逐层深入,形成具体的研究报告和论文。

首先,我们要寻觅自己感兴趣的话题。感兴趣并不单单意味着有一时之意兴,更在于研究者对于该话题有一定的研究与思考。话题的来源依靠长期的学习与积累,话题的范

---

① 费孝通.生育制度[M].北京:商务印书馆,1999:228.

畴取决于文章的类型与深度，话题的风格影响自行文的风格，话题的可操作性则看重研究者的学术素养。当研究者厘清了话题之概念后，便可将原创性、逻辑性及可读性纳入考量，列出话题“菜单”。

其次，我们要从话题过渡到问题。每篇论文都有其中心问题亟待解决，中心问题即中心主旨，是一篇文章的核心要点。在明确中心问题后，我们还需思索分支的“子问题”，这就带来下一个困惑，即文中所提问题是否有可研究性，此即“真假问题”之辨析。对于“真问题”的追寻盖需相应的系统的文献整理。为了更好地系统地梳理所有的中心问题与子问题，我们可借助“问题清单”的设计与“头脑风暴”的讨论。

最后，我们需要提炼和拓展主题。提炼意味着浓缩，提取文章的主要论点；拓展意味着扩散，延伸文章的各个层面。在提炼的层面，我们可以运用归纳总结的方式来进行概括，高校的论文答辩或许是很好的方式，由专业的评审老师为学生的论文进行指导修改，明确学生的主要研究方向与关键论述主题。在扩展的层面，我们又可分为横向拓展与纵向深化两个层面。横向拓展可借鉴中国古代文论中的“知人论世”说，将一个现象一个作家或是一部作品与时代相结合来讨论。纵向深化是从历史的角度来考据一个主题的源起与发展脉络。两种方式可以有机结合，共同开拓文章的新思路与新视角。

## 思考与练习

1. 在你的专业领域，出现过哪些“假问题”，请试着谈谈。
2. 头脑风暴法对你的帮助与约束分别在哪里，请试着谈谈。
3. 学完这一章，请试着说出话题、问题与主题之间的联系与区别。
4. 选定一个研究话题，试着从横向与纵向两个维度来谈谈。

# 第四章
# 批判性思维与写作

学而不思则罔，思而不学则殆。

——（周）孔子

尽信《书》，则不如无《书》。

——（周）孟子

学贵有疑，小疑则小进，大疑则大进。疑者，觉悟之机也，一番觉悟一番长进。

——（清）陈宪章

一个能思想的人，才真是一个力量无边的人。

——［法］巴尔扎克

思考是行动的种子。

——［美］爱默生

## 课前思考

1. 什么是批判性思维?
2. 如何在问题思考过程中运用批判性思维?
3. 结合具体研究案例,进行批判性思维的写作训练。

批判性思维的写作实践,是写作方式的拓展和深化,它既不同于创意写作,也不同于应用文写作。创意写作强调想象、情感、虚构和语言修辞,主要目标是审美人格的塑造;应用文写作强调写作规范和现实应用,主要目标是信息沟通和文化交流;批判性思维的写作强调质疑、反思和逻辑严密,主要目标是求真和创新。应该说,批判性思维的写作不可能脱离一般写作,它既建基于一般写作,又是一般写作在思维方式上的飞跃和提升。

## 第一节　批判性思维的概念和历史

批判性思维简而言之就是要求思维的另辟蹊径和与众不同,同时要求思维论证和推理的严密性。在精神气质上,批判性思维具有积极进取、开拓新局的魄力和勇气,批判性思维不是人云亦云。

批判性思维自约翰·杜威(以下简称杜威)1910年倡导"反省性思维"(reflective thinking)以来,美国的学校教育一直强调培养出适应现代社会发展的、能够自主地判断并处理信息的公民。自从杜威提出这一思维概念以后,美国很多学者,如奥舍尔·史密斯、罗伯特·恩尼斯(以下简称恩尼斯)、彼得·范西昂等纷纷开始致力于研究批判性思维,并推动批判性思维教育理念的发展。各位学者从自身的研究和教学实践出发,提出了有关批判性思维的研究内涵和实现方式。杜威认为"反思性思维是根据信仰或假定的知识背后的依据及可能的推论来对它们进行主动、持续和缜密的思考"①。从杜威的原初概念看来,批判性思维是基于信仰和知识的确证,并通过论证来使得信仰和确证成为可能。研究批判性思维见解独到的学者恩尼斯说:"批判性思维就是指在确定相信什么或者做什么时所进行的合理而成熟的思考。"②恩尼斯的说法点出了批判性思维的要害,即批判性思维对某种确信真理的坚持,并通过严密的论证和成熟的思考,证明自己的确信是合乎理性的。基于很多学者的探讨,我们可以看到批判性思维并不只是一种思考方式,它还包含对思考或者

① 马培培.美国大学批判性思维教学解析[J].外国教育研究,2016(1):31.

② 罗伯特·恩尼斯.批判性思维:反思与展望(第一部分)[J].仲海霞,译.批判性思维与创新教育通讯,2013(13),14.

说通过理性趋近于真理的坚守,或者说坚持批判性思维既是一种思考技能,同时包含批判精神和真理信仰。美国哲学协会就认为,批判性思维的概念包括情感倾向(批判精神)与认知技能(批判技能)两个部分。

随着美国众多学者的倡导和研究,并在大学里开展批判性思维教学实践,使得美国政府在20世纪70年代把批判性思维教学作为大学教育的主要目标之一。美国学院和大学协会(AAC & U)甚至把批判性思维、分析性阅读和写作、用多种方法解决问题的能力、技术的熟练使用作为大学本科教育的主要目标,批判性思维排在首位,可见其重要程度。1989年,联合国教科文组织在《21世纪的高等教育:展望和行动》中,就明确指出:大学教育必须培养能用批判性思维去思考和分析社会问题并寻求合适的解决办法的公民。只有这样的教育培养出来的学生,进入社会,才真正具有适应社会的能力。哈佛大学前校长德里克·博克也曾提出“思维清晰和具有批判思维的能力”是大学本科教育的目标。华盛顿州立大学 1996年制定的学士培养方案规定认为,批判性思维教育的目标即是能理解别人的观点、能有效地表达自己的观点,并且具有批判性的能力和习惯,善于提出自己具有建设性的思想。有美国学者甚至进一步指出,批判性思维决定着美国未来的生活质量及世界的未来。可见,批判性思维教育在美国教育中的分量和地位,举足轻重。

中国大学的批判性思维教育起步较晚,从20个世纪末到21世纪初,方才真正走入课堂,其间也只是少数学校开设这类课程,虽然积累了一定经验,但是并没有上升到理论的高度,也没有成为大多数大学的培养目标。2003年“批判性思维”作为一门通选课在北京大学首次开设。时至今日,清华大学、武汉大学、华中科技大学启明学院、同济大学,西安的一些民办高校等均有开设,其中华中科技大学启明学院利用国内外资源,率先将批判性思维教学引入本科生的培养模式中,受到国内关注,现在走到了我国批判性思维教学的前列,形成了特色。清华大学经济管理学院把批判性思维贯穿在学生培养的全过程中,取得了不少优秀教学成果,其中在10年前就特别开设两门课程训练学生的批判性思维,赢得了学生的好评,一门是中文写作,还有一门是批判性思维和道德推理。近期,清华大学也把写作课拓展到全体本科生,通过写作与沟通课程训练学生的批判性思维,提升大学生的写作能力。

美国不少大学通过写作过程来训练学生的批判性思维,一方面通过逻辑演绎的方式,展现学生对理论、事物和现实的观照,通过批判性思维的训练,使得学生获取解决现实问题的能力;另一方面,在思维展示过程中,提升学生的写作能力、表达能力和分析能力。写作已经成为不少美国大学少数几门必修课中的指定课程,比如爱荷华州立大学的写作课程,课程体系成熟,不仅包含反思性的写作课程,还有和文化产业结合紧密的创意写作课程,形成了一套成熟写作教学体系,类似这样的大学,还有普渡大学。美国顶尖大学的考试极少要求学生死记硬背,相反,学生需要解决一些从未遇到过的问题,或是从正反两面分析论点并提出自己的立场。华盛顿州立大学1996年制定的学士培养方案中的通识教育目标和成果规定,学生应该达到6个“能够”,其中第一个便是:批判性的推理,主要指的就是定义和解决问题,整合和综合知识,评价发现与结论的准确性和有效性,理解人们如何思考、推理和做出价值判断，理解多种多样的观点、歧义和不确定性，理解不同的哲学和文化。2008年11月19日到2009年2月16日，哈特研究公司对美国学院和大学协会成员机构的433位教务官员或指派的代表进行了一项在线调查，其结果是名为《通识教育中的新趋向和新实践》的报告。报告显示，大多数会员机构（78%）说，它们对自己的所有本科生都规划了共同的学习成果集，这些成果涉及非常广泛的技能和知识领域。其中最为广泛涉及的技能是：写作技能（77%）、批判性思维（74%）、量化推理（71%）和口头交流技能（69%）。可见写作、批判性思维和表达交流能力在美国高校教育体系中已经成为一种潮流，成为培养学生综合能力不可缺少的一环。缺乏对学生写作技巧、批判性思维和交流表达能力的培养，这样的大学教育是不完整的，严重影响学生进入社会的创造能力。

写作课，这是一门目前在国际高校，包括顶尖学府哈佛大学、普林斯顿大学开设的大一新生必修课。在哈佛，"英文写作"（expository writing）是对本科生要求的唯一一门必修课。按照哈佛的要求，写作课作为通识教育的一个重要内容，是培养学生批判性思维的重要方式之一。这门课旨在训练学生就一个主题正确地提出问题，找到强有力的论据，清晰有效表达出自己的观点，并能客观评估他人观点的能力，最终培养的是学生的理性思维和书面表达能力。这是从高中阶段的作文写作过渡到大学阶段的论说写作的必要训练。一手研究、文本细读、批判性思维是贯穿其中的教学方式。要达到训练目的，以哈佛大学为例，12人一个小班，一个学期要开设70多个课堂，两个学期方可覆盖每年入校的1600名学生。从很多研究资料和现实情况来看，无论是美国顶尖大学，还是一般性大学，批判性思维教学已经成为美国大学的一种风尚，无论在师资、投入和培养体系方面，形成了一些可资借鉴的做法。

## 第二节　批判性思维的特征

批判性思维的本义并非就是流于批判，而是在思维形态方面追求思维的严密性和可论证性；在人文精神方面崇尚怀疑精神，反对人云亦云，随波逐流；在目的论上，批判性思维追求独创性，寻求多元化的解决之道，希望运用跨学科的方法追问问题本源，反对单一的、固化的、同质化的思维方式；在思维态度上，批判性思维不是为批判而批判，批判只是它的外在形态，在与他者思维的共生上，批判性思维具有包容性，它不是唯我独尊的一言堂，是百家争鸣、百花齐放的竞争状态，在坚持自我特色的基础之上，对他者的批判之言和溢美之词也充分吸纳，成就一种更具弹性和丰富性的思维形态。

批判性思维大致有以下几个特征。

### 一、怀疑精神

怀疑精神是批判性思维的核心，这与西方人文传统密不可分。质疑就是通过对现有的思想进行理性的批判而形成的一种新的观点，利用一些证据能够证明批判者的想法是正确的，对现今已经存在的观点的一种质疑，并且请求相关人员的解答。批判性思维最早应该从古希腊说起。从古希腊的众多思想流派，到苏格拉底、柏拉图和亚里士多德的哲学思考，再到文艺复兴和启蒙主义，一直到西方近代哲学的发展，康德、黑格尔、笛卡尔、尼采、马克思等思想家的思想论争，可以看到批判性思维在西方文化和科学发展史上举足轻重的地位，离开了质疑与反思，西方的思想进步是不可想象的。批判性思维最早是从古希腊流传出来的。苏格拉底就曾说过，没有经过反思的生活是不值得的生活。这种思想便体现出了批判性的精神。亚里士多德的至理名言便是："吾爱我师，吾更爱真理。"笛卡尔说"我思故我在"，怀疑本身就是存在，"地心说"和"日心说"之争论，马克思对唯心主义和唯物主义的批判性吸收等，都是批判性思维的体现，怀疑精神成为西方思想发展的原动力。

对于教育的本质，爱因斯坦曾说过："大学教育的价值，不在于学习很多事实，而在于训练大脑会思考。"大学应该激发人的兴趣，培育健全的人格，还有成熟的思维习惯。灌输式、填鸭式的教育，属于一言堂式的教育，这一教育模式是对学生批判性思维的漠视，有活力的大学教育，应该在各个环节体现批判性思维的训练。

中国古人也特别注重批判性思维对个体成长的重要作用，抱残守缺只会带来更多的困惑。中国古代早就有"学而不思则罔""尽信书不如无书"的至理名言，都在强调批判和质疑的重要性。朱熹云："读书有疑，有所见，自不容不立论。"清代学者陈宪章指出："学贵有疑，小疑则小进，大疑则大进。疑者，觉悟之机也，一番觉悟一番长进。"由此看来，无论是西方学界，还是中国思想家，都很注重质疑精神在思维训练中的重要性，质疑精神是批判性思维走向成熟的重要一步，更是立论的必备之选。

### 二、建设性

批判性思维的核心虽然是质疑，但是这种质疑并不是为了质疑而质疑，或者说仅仅是为了标新立异，与众不同，批判性思维是为了建构问题意识，并对提出的疑问进行解决，用分析性和建设性的论理方式对疑问和挑战提出解释并做出判断，而不仅仅是为了不同解释和判断。就像有的西方学者认为的那样："批判性思维有所怀疑，但不怀疑一切；它要求思想开明，但不摇摆不定；它善于分析，但不吹毛求疵；它毅然果断，但不顽固不化；它进行评估，但不妄下结论；它富于魄力，但不固执己见。"[①]建设性要求是批判性思维的独特所在，一方面批判性思维是对理论的反思，用理性思维获得对真理的把握，这种把握是符合形式思维的逻辑的，是可以被确证的，比如科学的原理、思想的方法和理论观点。另一方面批判性思维是对解决现实问题的思考，寻找不同的现实路径，用思维指导实践，使得实践活动更具科学性，更好地实现原初的目标。所以说："'批判性'(critical)不是'批判'(criticism)，因为'批判'总是否定的，而'批判性'则是指审辩式、思辨式的评判，多是建设性的。"[②]据说犹太人小孩回到家里，家长不是问"你今天学了什么新知识"，而是问"你今天

① P. Facione, C. A. Gittens. *Think Critically*[M]. London: Pearson, 2013:14.
② 罗伯特·恩尼斯.批判性思维：反思与展望(第一部分)[J].仲海霞，译.批判性思维与创新教育通讯，2013(13),17.

提了什么新问题”，甚至还要接着问“你提出的问题中有没有老师回答不出来的”？这就是批判性思维的起点。第二条是在提出疑问之后，能够用有说服力的论证和推理给出解释和判断，包括新的、与众不同的解释和判断。把这两个特征结合在一起，批判性思维就是以提出疑问为起点，以获取证据、分析推理为过程，以提出有说服力的解答为结果。

强调批判性思维的建设性，还有一点非常重要，大学教育不能简单地以考试分数的高低作为评判学生学业的标准。大学教育应该培养学生积极进取的、解决现实问题的、富有创新意义的思维方式。这种思维方式，既是人生成长的应有之义，也是学生进入社会，能够走得更远、走得更加坚定的立身之本。2019年9月，著名物理学家丁肇中先生在寄语复旦大学本科新生时说：“我几乎认识每一位获得诺贝尔物理学奖的科学家，我可以负责任地说，这中间几乎没有一个考第一名的。”他语重心长地寄语新生，研究自然科学，尤其是物理、化学、生物这类实验性科学，要有创新精神。“书本上的知识是别人给的，要学会推开书本，向前走。”可见分数的重要性并非是大学教育的全部，更多的还是要培养创新精神，学会批判性思维。大学学习一定要在专业学习中培养自己的兴趣点，只有做自己感兴趣的事情，前进的道路才会拥有不竭的动力。丁肇中在谈到自己选择物理学作为自己的毕生事业时就说：“当时我的父母都反对我念物理，他们认为物理不是每个人都能学好的。”他寄语新时代的大学生，“一个人在世上只走一次，做自己感兴趣的事才最有意义。这也是我想对你们说的，一个人向前走最主要的就是兴趣指引”。

富有建设性的批判性思维不仅可以让我们从不同角度看待万千事物，获得独特的视角和体验，也可以帮助自我人格的塑造，推动人生为创新事业热忱付出。

## 三、多元共生

批判性思维不是焦点透视，而是散点透视，批判性思维力求打破思维定式，开拓不同的思维路径，是对固化的、一尊的思维的去中心化。批判性思维是富有弹性的思维模式，比如在人文学术研究上，主张应该文史哲不分家，运用不同学科知识，运用跨学科的思维方法来探讨我们面对的理论问题，而不是仅仅局限于学科内部，自说自话，批判性思维寻求话语逻辑的延展性，追求“横看成岭侧成峰，远近高低各不同”。比如一篇文学作品，我们既可以从审美上研究，也可以从文学哲学、文学价值学、文学心理学、文学社会学、文学信息学等多角度来探讨同样一部作品的意义与价值。对黄山迎客松的研究，可以从植物保护角度出发来研究，也可以从气候学、土壤学、力学及审美的角度来研究。我们要寻求从多元视角来探查问题，而非局限在狭窄的圈层内。中国古人讲“诗无达诂”，“仁者见仁，智者见智”，西方说“一千个读者有一千个哈姆雷特”，即指不同人的因为不同的经历、知识、才情、年龄、性别的差别，会得出不同的结论。批判性思维的可贵之处在于，它并不仅为得出结论而分析、批判，而且要对得出结论的过程进行回溯，要求得出的结论，是能够经得起思维和现实验证的，是能够经得起科学和现实检验的，而不是胡说八道，“公说公有理，婆说婆有理”。所以说批判性思维追求结论的全面和理性，也追求论证过程的严谨和逻辑，批判性思维追求论证和结论的统一。

### 四、兼容并蓄

批判性思维不是排他性思维，不是有我就没有你，或者有你没我的零和思维。批判性思维是博采众长、兼容并蓄的思维方法。批判性思维认识到多种思维的可能性，主张认识观点的包容性，有点像法国启蒙思想家伏尔泰所说的那样，“我不同意你的观点，但我誓死捍卫你说话的权利”。无论是人文社会学科，还是自然学科，找到一个结论和原理，是可以到达现实的彼岸的，但是思维的表达是没有终点的。批判性思维既是纵向的，又是横向的，构成立体式的自我存在。一方面，它是建构在历史思维的基础之上，同时又对未来的时间轴保持期待，在过去、现在和将来的时间线中，追求自己的生命力的生生不息；另一方面，在横向的论证与对垒上，批判性思维保持自我的特色，又会对他者的角度和观点保持热情，力求在创新和吸收的基础上，完善自己的追求，即使是与自己的论证和结论针锋相对的观点，也不是怀着敌意，而是保持敬意。

## 第三节　批判性思维的方法

传统的批判性思维训练方法，大致有苏格拉底对话法、跨学科方法、案例分析法、互动式方法等。批判性思维运动的开拓者恩尼斯认为，养成批判性思维最古老且最有效的教学策略是苏格拉底对话法。跨学科方法要求写作和思维者必须博览群书，广泛涉猎各类知识，通过不同学科的优势互补，创新思维方法，寻求最佳的解决之道。案例分析法通过具体案例的分析，找到问题关键所在，思考问题本质，补齐漏洞。在案例分析过程中，训练思维，并把思维过程通过写作展现出来，对于初学者来说，比较直观，更加有利于引导学生通过现象分析本质。互动式方法则是在教学过程中，积极引导学生进行思考，在老师和学生的互相启发中，发现思维之美。

### 一、苏格拉底对话法

苏格拉底对话法中的提问不是随意和无目的的，而是一个展示严密逻辑演绎的过程。苏格拉底对话法中，一方是提问者，它既是批判性思维能力的引导者，又是反对者，通过引导引发被提问者思考自己思维漏洞和可取之处。学生在设计的提问的引导下，可以表达很多心里的想法。所有的想法必须被认真和公平地处理，教师必须跟进所有问题的回答，经过选择，进一步提出有待讨论的问题。总之，教师必须不断地提出进一步的问题帮助学生思考，推进课堂有序进行。

苏格拉底对话法一般包括以下几个方面内容：追求表达的明确性，探寻证据与理由，考察解释的观点，协调不同的观点，验证思考的内容是否合乎实际。简单来说，就是通过教师和学生的互相交流、发问来进行批判性思考，作为老师和学生要做到以下几点。

第一是关于思考的契机，例如，“为什么你是这么思考的呢？”“你能够想出构成这种信念的事情吗？”之类的“提问”就属于这个范畴。

第二是为什么如此思考，你如此思考的根据有哪些。比如“你为什么相信这一点呢？”“人们相信这一点的理由是什么？”之类的“提问”，这是包含了有关信念的问题。

第三是对于不同观点我们应该怎么看？

第四是关于思考的影响与结果。例如，“相信这一点的结果将会怎样？”“为什么要实践，我们该做什么？”之类的“提问”。通过这些“提问”，教师成为反思性、分析性的听者，促进学生对话性、辩证性的思维。

通过这一系列问题的设置，训练学生的思维能力，找到问题的切入口，从而来进入写作的程序，这样大致可以保证思维的严密性。在完成写作之后，应该对写作的内容进行反复的推敲，可以是自己再次斟酌，也可以是在和别的同学讨论中改进，还有老师在对作品进行批改中的完美等。通过多种形式的引导、对话和交流，达到思维的严密性。

在柏拉图的《大希庇阿斯篇》中，柏拉图借用苏格拉底和诡辩家希庇阿斯关于美的讨论，来展现批判性思维在对话过程中的演绎过程，其中既有定义，也有推理，还有争辩，很好地展现了一个批判性思维的全过程，最后得出“美是难的”结论。在对话的过程中，希庇阿斯每说出一种美的定义，苏格拉底就指出这个定义的内在矛盾，并驳倒该定义。

在《大希庇阿斯篇》中，柏拉图借苏格拉底和诡辩派学者希庇阿斯别开生面的对话，提出了“美是什么”的问题。在对话中，他区分了“美本身”（即“什么是美”）和“美的事物”（即“什么东西是美的”）。一般人（包括希庇阿斯）在回答“什么是美”的问题时，只是列举美的事物，如“美的小姐”“美的母马”“美的竖琴”“美的汤罐”之类，而没有涉及“美本身”。他认为，美不是美的事物，不是使事物显得美的质料或形式，不是某种物质上或精神上的满足，不是恰当、有用、有益等价值，不是由视觉或听觉引起的快感等。

中国古代典籍《论语》也记录了孔子及其弟子的日常对话，其中很多是孔子通过与弟子的对话，引发弟子们思考现实问题的对话。这些对话也闪烁着批判性思维的光芒，虽然其中的论证没有西方烦琐，但是对话、引导、结论还是有很多值得借鉴之处的。比如《论语》先进篇。

子路、曾皙、冉有、公西华侍坐。子曰：“以吾一日长乎尔，毋吾以也。居则曰‘不吾知也！’如或知尔，则何以哉？”子路率尔而对曰：“千乘之国，摄乎大国之间，加之以师旅，因之以饥馑；由也为之，比及三年，可使有勇，且知方也。”夫子哂之。“求，尔何如？”对曰：“方六七十，如五六十，求也为之，比及三年，可使足民。如其礼乐，以俟君子。”“赤！尔何如？”对曰：“非曰能之，愿学焉。宗庙之事，如会同，端章甫，愿为小相焉。”“点！尔何如？”鼓瑟希，铿尔，舍瑟而作，对曰：“异乎三子者之撰。”子曰：“何伤乎？亦各言其志也。”曰：“莫春者，春服既成，冠者五六人，童子六七人，浴乎沂，风乎舞雩，咏而归。”夫子喟然叹曰：“吾与点也！”三子者出，曾皙后。曾皙曰：“夫三子者之言何如？”子曰：“亦各言其志也已矣。”曰：“夫子何哂由也？”曰：“为国以礼，其言不让，是故哂之。”“唯求则非邦也与？”“安见方六七十、如五六十而非邦也者？”“唯赤则非邦也与？”“宗庙会同，非诸侯而何？赤也为之小，孰能为之大？”[①]

在这一段对话中，有几点可以引发我们对批判性思维展示的认识，比如展现的方式是通过对话的方式。第二点就是通过同样的问题，每个弟子回答的结果却是不一样的，展现了问题虽然相同，但是思考的结果却可以多种多样。子路是从国家强盛出发，冉求是从地方富足出发，公西华是从会盟利益出发，三者对于自身理想，各有主张，但是侧重点不同。在思考问题时，出发点虽有不同，但是也能找到共同点，就是他们对礼仪的普遍重视，也符合孔子心目中礼仪之邦的理想。曾点的回答，就显得与众不同，他没有从政事的角度，回答孔子的问题，他采取一种行为艺术的方式，回答自己的理想在于个体的生命的愉悦，显然这种回答与前边三位功利主义解决之道，大相径庭。孔子说自己的观点与曾点相同，通过对话，展现了自己的理想，希望其他三者通过对比，思考自己的理想认知存在的问题。

## 二、跨学科方法

学科交叉是学科教学内训练批判性思维的另一常用方法。利用其他学科作为批判某一学科的工具，能够暴露所抨击学科的种种局限，学生将认识到，虽然他们在大学的学习基本被限制在某一学科内，但单一学科提供的认知方式仅是各种把握世界的方式的一种，并不存在绝对的描述或介入世界的方式，其他学科能对本学科的学习提供多方面的借鉴。

比如当下讨论比较多的转基因问题，转基因本质是个科学问题，我们时下对这一问题看法，大众普遍是“以讹传讹”的居多。一些新闻媒体，不但没有起到辨明真伪、普及科学知识的作用，反而在造成老百姓对转基因的混乱认识方面，推波助澜。对于转基因问题，还是应该回到常识和科学的角度来思考，对于这一问题我们完全可以运用批判思维的方法来审视，运用跨学科的方法来回答转基因带给我们的好处与挑战。在研究这一问题的时候，就可以运用生物学的、环境学的、生态学的、人类学的、哲学的、文化学的、伦理学的、政治学等多学科知识和思考，来回答我们面对这一问题时的困惑，具体问题具体分析，而不是人云亦云、随波逐流式随大众舆论起舞。只有运用批判思维的认识，我们的认识才更加有力量，不至于陷于无谓的恐慌之中。

## 三、案例分析法

具体学科情境的融合模式称为案例分析法，介入式案例法被认为是最佳的案例法。方法的开始是教师给学生一个真实的研究者必须面对的问题，当学生针对问题研究一段时间后，教师再询问他们的想法，并提供关于这个问题的其他信息，并说明真实的研究者处理这个问题的特定方式。接着，教师告诉学生接下来的困难并让学生们头脑风暴来讨论解决方案，讨论后再次汇报。继而，教师可能再为他们的解释提供其他的信息；学生咨询队友，讨论并再次汇报，教师会再次给他们原始研究者提供的解释。这一方法整体流程

---

① 孟宪承.中国古代教育文选[M].北京：人民教育出版社，1979：19-20.

为模拟科学研究的真实情境，处理不完整的数据，做出尝试性的假设，收集信息，重新假设，做出更多的预测，收集更多的数据等如此循环往复。

在案例分析法实施的过程中要求学生具有质疑的精神、灵活性及看到可选择方法的能力，这也正是需要批判性思维解决问题的过程。介入式案例法之所以有巨大的价值，就在于学生处理的是一个真实的研究问题，可以看到真实专家的示范式行为，同时还可以看到不同的小组提供关于问题的可选择方案。

比如随着现代科学发展，人类疾病发生的频次和种类都在不断增加，对于这些疾病的解决方法，人类在发展进程中，科学家都进行了各种各样的尝试，在不断探索中，推动问题的解决，有些解决办法可能是治标的，有些是治本的，每一种解决方法也是一种批判性思维的展示过程，都在另辟蹊径，创新思维方法。根据世界卫生组织统计，我国抑郁症患者达5000万人。到2020年，抑郁症将可能成为仅次于心脏病的人类第二大疾病。对于抑郁症的临床表现和解决方法，应该说医学界都有不少研究，但是至今真正治愈这一病的治疗方法还没有，人类在探索新的治疗方法方面继续展开研究，面对这一现实难题，有不少研究者在传统治疗方法的基础上，寻求新方法的研究路径，利用新兴科学方法，寻求治本之策，这些路径具有批判性思维的特征。东南大学医学院姚红红教授课题组的一项研究发现，肠道菌群的变化可能导致抑郁症发生，而通过菌群移植可以显著改善抑郁样症状。该成果在线发表于最新一期的在微生物领域知名学术期刊《肠道微生物》上。这一研究的思维，从人类肠道机理变化出发，来探索新的治疗途径。小鼠NLRP3（炎症小体）基因的小鼠与野生型同窝小鼠相比，表现出显著的抑郁样行为差异，并且它们的肠道微生物群的组成显著改变，提示这种行为的差异很有可能是肠道菌群的变化引起的。

随后，为了确定肠道微生物在其中发挥的作用，课题组进行了NLRP3基因敲除小鼠的肠道微生物群的移植，他们收集去掉抑郁症基因小鼠的菌粪便，然后灌胃给抑郁症小鼠，经过肠道菌群移植发现，抑郁症小鼠症状明显改善了。

实验说明该思考路径具有很强的指导意义。

另一组研究人员从神经学角度对抑郁症发生机理进行研究，他们认为，抑郁症的发生，与基因突变有关，他们从睡眠障碍入手，加以研究。抑郁症患者增多，抑郁症患者有一个明显特征是无法正常入睡，是不是正常无法入睡就代表抑郁症呢，神经科学顶级刊物《神经元》期刊2019年8月28日刊登的一篇文章认为，有人只睡4小时，可能原因在于基因突变。研究者采取了实验的、对比的、逻辑展示的方式认为：第一，ADRB1基因的突变导致了人的自然的短睡眠特征。第二，具有相同基因突变的老鼠也有与人类相似的短睡眠行为。第三，脑桥背侧ADRB1＋神经元的活动与REM睡眠和清醒状态有关。第四，基因突变增加了脑桥背侧ADRB1＋神经元的种群活性。通过这一系列问题的解答，研究者认为只睡4小时与基因突变关系密切。

在解决现实问题中，案例分析法引领人们的思维突破现实问题，通过不同的介入方法，突破原有的研究路径，实现方法创新和思维创新。

### 四、互动式方法

在教学过程中，积极引导学生进行思考，也是训练批判性思维非常有效的方法。让学生在老师和同学之间的互相启发中，学会如何发现思维之美。在批判性思维教学中比较常见的互动式教学法有攻守演练、课堂辩论和头脑风暴。攻守演练法针对一篇短小的论文，双方使用预设的系列问题进行“提问—回答式”练习，以此来强化批判性思维习惯；课堂辩论针对某个论题进行辩论，并对学生的思维品质进行评估；头脑风暴针对某一个现象，参与学生提出自己的观点和理由，主要锻炼学生的多视角思维能力。攻守演练是笔者在批判性思维课程的前期阶段所采用较多的互动教学方式。在课堂中将学生分为人数大致相同的几个小组，教师提前发布一篇小论文，这些小论文大多是学生根据老师之前设置的研究课题写成的，然后让学生以2个小组为单位，互相提问和回答，并寻找小论文和对方问题回答中的漏洞展开补充和引导。如果学生无法更好地提问，老师可以设置一些开展的问答的预设性问题，例如，“这篇论文的问题是什么？”“它的结论是什么？”“支持该结论的第一个理由是什么？”“支持该结论的第二个理由是什么？”“在上述结论和理由中，有哪几个关键词语？该关键词语的含义是什么？”“在该推理中隐含着什么假设？”根据这些设置的问题，提问方的每个成员按照次序进行提问，而另外一个小组的成员依次回答。通过这种思维操练方式，学生大致可以掌握批判性思维的展开路径，在学习和研究中，运用这些提问方式，进行思考，必将使得问题的答案更接近事物的本源，更接近真理的本质。

批判性思维是一个过程，它分为三个阶段：理解阶段、评估阶段和提高阶段，其中理解阶段是基础。在理解阶段，需要对现有的思维成果进行清理，考察其问题、结论和理由，从而才能正确地明白思维成果的内容。而要正确地了解现有的思维成果，最好的方法就是提出一系列正确的问题。上面所描述的几个问题，就是在理解阶段我们需要提出的正确的问题。只有具备了问题意识，懂得了解决问题的能力，这种思维才是有效的思维，批判思维不是一种简单的形式思维，更多的是富有实践性质的面对现实问题、解决现实问题的思维能力。

## 第四节　批判性思维的展现形态

### 一、逻辑推理

不证而论，在我们的思维习惯中经常见到。我们往往喜欢给出论点，但不进行论证，不给出任何论据。如《论语》中“学而不思则罔，思而不学则殆”，道理是这个道理，但是为什么如此，没有论证和逻辑展开的说明，就显得不是很有说服力。再如《老子》中“古之善为道者，非以明民，将以愚之。民之难治，以其智多。故以智治国，国之贼；不以智治国，国之福”这几句话，每句都是论点，但没有论据。中国古代经典多数属于不证而论，只给出观点，但观点之间的关联性缺乏论证。这种思维方式使得传统中国人喜欢给出观点，但不进行论证或不进行充分论证。如果要明辨是非，明细事理，光有结论，恐怕是远远不够的。强而有力的逻辑论证，才能回答“为什么如此”“究竟原因何在”等问题。

比如历史学科，观点固然重要，但是如果观点没有翔实的史料支撑，观点就只能徒有其表。一般的观点认为，历史只能借助史料来再现、感知、体验和理解，这是历史认知的一般规律。历史认知的关键性材料是史料，要深刻地了解和感悟过去的历史一定要走进“过去”。因此，历史学科教学应摒弃照本宣科和政治说教，需要借助史料创设情境或再现场景，让学生从中感知历史，对历史的真实面貌有更加深入的体验，而不是仅仅停留在历史知识的死记硬背上。

历史教育不仅要传播历史知识和训练学生思维能力，还要引导学生去感受、体验和感悟历史。比如黄仁宇的《万历十五年》一书，无论是写作体例和问题设置上，都与以往的历史学专著大为不同，打破了历来对历史思考的一般性思维习惯。作者在本书的序文中提出自己的独特观点，并为此观点展开了逻辑思维上的说明和论证。这两个观点，一是明代“民穷”的根本原因不在于国家的赋税过重，而在于法律的腐败和政府的低能；二是中国2000年以来，以道德代替法制，至明代而极，是造成传统中国很多问题的症结。对于前者，黄仁宇通过横向的历史比较，将明代与当时很多资本主义国家的国情对比，得出税负过重，不是造成古代中国经济不彰的根本原因。对于后者，作者打破了编年体的叙述方式，采用了“传记体铺叙方式”，通过翔实的历史资料和丰富的文学体验，推导出个体生命的悲剧命运，谈到万历年间（1573—1620年）大多数官员的身败名裂，黄仁宇写道：“当日的制度已至山穷水尽，上自天子，下至庶民，无不成为牺牲品而遭殃受祸。”[①]这些切入的角度方法应该来说是让人耳目一新的，在叙述过程中，又通过抽丝剥茧式的逻辑推理方式，揭开历史的重重迷雾，让人心悦诚服。

## 二、明确概念

概念明确，是展开逻辑思维的前提，如果对于很多语言用词一知半解，思维的展开就成了无源之水，无本之木，甚至会产生混乱的结果。文化理论的一些概念术语，不考虑使用的文化语境，就会产生歧义，比如“大众文化”的前提是现代传媒发展的、产生在都市文化中的文化形态。如果把它放在前现代的语境中，就是不恰当，甚至是错误的，比如“自由”“幸福”等。例如提问“你幸福吗”，从逻辑上讲会有很大的问题，核心词语概念外延太大，无法聚焦，因为“幸福”是一个模糊或含混的概念，究竟“幸福是什么”都说不清楚，如何回答？冯友兰先生曾经指出：“盖一名必有一名之定义，此定义所指，即此名所指之物之所以为此物者亦即此之要素或概念也。”这就告诉我们在讨论任何问题之前，必须把一个概念的内涵和外延搞清楚，若概念不清，那么围绕这个概念的所有讨论都会因此变得混乱不清，而没有任何实际意义。中国在加入世界贸易组织时曾经提出了许多要求和条款，比如“美国应该为中国培养更多的管理人才”“应该”“更多”等都是含混的概念，没有具体的数

---

① 黄仁宇.万历十五年[M].上海：生活·读书·新知三联书店，2015：4.

据和细化条款，就会导致该条款难以落实。

## 三、逆向思维

逆向思维是反向思维的习惯，当所有人喜欢从正面思维某一问题时，反向思维的独特性和创新性就显现出来，人们常说“公说公有理，婆说婆有理”，公与婆同等有道理的误导观念。事实上，在兴趣或口味的问题上，由于基本价值分歧，“公”与“婆”难分高下。但是在基于事实和真理的道理上，无论是反向思维还是逆向思维，它都要基于事实、科学实验和逻辑推理的正确性，否则只能是强词夺理和胡说八道。出现这一问题的根源在于我们可能混淆了两个不同的问题：“人人都有权利提出自己的看法”与“每个人提出的看法都正确”。

2018年中国高考全国Ⅱ卷中的作文题，也是一个测试批判性思维能力的题目。

> 题目：根据以下材料写一篇作文。
>
> “二战”期间，为了加强对战机的防护，英美军方调查了作战后幸存飞机上弹痕的分布，决定哪里弹痕多就加强哪里。然而统计学家沃德力排众议，指出更应该注意弹痕少的部位，因为这些部位受到重创的战机，很难有机会返航，而这部分数据被忽略了。事实证明，沃德是正确的。
>
> 亚伯拉罕·沃德是哥伦比亚大学统计学教授，之前也是经济学教授。他是统计决策理论(statistical decision theory)和序贯分析(sequential analysis)的创始人之一。上面的故事是他在“二战”期间帮助美军分析的一个例子，它说明了统计分析中的“幸存者偏差”(survival bias)问题。那就是我们只看到了那些能够飞回来的飞机，而看不到那些被击落而没能飞回来的飞机。所以，只是根据“幸存者”的数据做出的判断是不正确的。这是基于统计推断的思维，也是一种批判性思维。

又例如在经济学领域，彼得·蒂尔被誉为硅谷的天使，投资界的思想家。1998年创办PayPal并担任CEO，2002年将PayPal以15亿美元出售给eBay，把电子商务带向新纪元。彼得·蒂尔曾讲授一门选修课“创办新企业”。在课程讲解中，他特别强调“逆向思维”在创办新企业中的重要性。他说，“逆向思维”并不是在多数人的想法前面加一个“负号”，而是要想别人没有思考过的维度，要思考别人还没有想到的领域。比如，当别人都在讨论技术问题时，你就要提出商业模式问题；而当别人都在商业模式上纠缠的时候，你应该更多思考技术的可行性。这正是批判性思维在企业管理营销中的运用，“逆向思维”可以说是彼得·蒂尔的心智模式。他的这种“逆向思维”使他在2004年成为Facebook的第一个天使投资人。

## 四、发散思维

发散思维又称辐射思维、放射思维或者扩散思维，这一思维模式寻求更多更佳的问题解决之道，要求思维视野广阔，多点发散，多元问道，比如“一题多解”“一事多写”“一物多用”等思维方式。发散思维是批判性思维的集中表现，是衡量创新性的重要指标。

发散思维是立体的思维模式，往往与平面思维相对，平面思维是一种惯常的思维方式，是思维的单一化和模式化。

发散思维的方法是多种多样的，比如我们今天讲学科融合，讲方法论的创新，本质上是希望借用不同学科的思维方法来解决单一学科无法解决的问题。比如对于魏晋时期的著名诗人陶渊明的研究，你既可以在学科内部从不同角度以不同方法进行发散思维，多角度审视，比如你可以从文本细读、文献梳理、诗文鉴赏、文学意义、前后对比等文学内部方法来解读陶渊明；也可以跳出文学内部方法，运用心理学的、美学的、社会学的、哲学的、伦理学的、文化学、思想史等方法来分析陶渊明及其作品，通过综合的、立体的、多元的方法的来分析，我们就可以更加接近陶渊明的真实性格，对陶渊明的作品了解得更加深入，在注重宏观方面的同时，也重视了微观方面，以及很多被忽略的细节。

对于科学技术的发展，需要秉持科学精神和批判精神。一方面，科学发展会给人类带来更多的便利性，也将给人类社会创造更大价值，但是毋庸讳言，另一方面，科学的发展也造成了很多环境问题和社会问题，比如环境污染、温室效应、大城市病等。这些年来，转基因引发了很多讨论，特别是转基因食品事关公众健康，往往引发很多猜忌和不实谣言，也引发了学术界关于伦理问题和生态安全的讨论。对于这些形形色色的问题，如果不能从理性和科学角度去讨论，辨明真假，便会引起更多困扰和恐慌。对于这些的问题，我们如何来提问呢？

转基因问题的发散，我们当然可以提出引起反思的问题。比如基因是不是都是不好的？假如转的是好的基因，转基因是不是就不是问题？在自然世界中是否有自然选择的基因，既然自然世界可以，那么人类主动选择为什么不可以？自然选择是无序的基因选择，那么由人类在可控的情况下进行基因选择不是比自然选择更安全吗？动物克隆和人类克隆是否存在伦理问题？转基因是否会带来生物灭绝，是否加速人类退化？这类问题可以一直展开探讨下去，而解决这些问题则会推动人类社会的巨大进步。

### 五、论据展示

为了说明一个问题，论据展示是必要的，论据展示让读者对问题可以有更加直观的理解，同时也省时省力，省去了很多不必要的冗长赘述。论据展示可以增强写作的说服力，提升可信度。论据是对批判性思维观点的补充和说明，在科学论文写作中，论据展示的是翔实的实验数据和实验过程；在人文社会学科文章写作中，则需要对杂乱的文献资料和现实现象去粗取精，去伪存真。

## 第五节　批判性思维训练

《荷塘月色》[1]是大家比较熟悉的朱自清的一篇散文，对于这样一篇经典散文，从一般

① 朱自清.朱自清经典[M].沈阳：北方联合出版传媒(集团)股份有限公司，2019：27-28.

思维的角度来看,我们的解释大同小异。文章开头写道:“这几天心里颇不宁静。”对于这样一句话,大多数人的理解是这样的:朱自清作为当时的知识分子,对国家民族前途忧心忡忡,故而内心感到郁闷,无法排解,所以出去散心,写出了《荷塘月色》一文。为了说明这种解释的合理性,提出了以下五大理由。

第一,散文的基调显示了作者的情感基调是在痛苦中无力挣扎,在幻灭中茫然追求。

第二,“荷塘”是一个与黑暗的现实世界相对的自由世界。

第三,借用“荷花”和“明月”来抒写自己正直清高、纯洁无瑕的品格,不与黑暗势力同流合污的气节。

第四,怀念江南,是对友人同游江南美景的怀念。

第五,文章表现了作者在形势剧变与政治重压下的苦闷、彷徨和寂寞的情绪,也抒写了对黑暗现实的不满和不肯妥协的态度,以及对未来美好前景的幻想与追求。

对于这些解释,我们并不否定其中有一定道理,比如从政治背景出发,解读作品的内涵,最为常见,也符合一般的思维习惯。马克思说:“人是一切社会关系的总和”,作为大学教授和文学家的朱自清也逃脱不了当时政治环境对自己文学创作的影响,或者在文学创作中或多或少受到政治气候的影响,作家不是抽象的个体,同时代的作家都会受到社会氛围影响,这些其实是不言自明的,差别就是,有的多一点,有的少一点。不言自明的理由成为解读《荷塘月色》的创作缘由,是否充分,是值得我们思考的,或者说仅仅从政治环境角度来解读《荷塘月色》是不是只是隔靴搔痒,根本没有切中文章的重点,甚至遮蔽了我们对这篇散文的阅读和理解。

如果用现象学阅读的方法,在思维方法上他们是主张“悬置”的,就是剔除对这些不言自明的理由的考量,而真正回到作品本身,力求从文学性和文学审美的角度,去审视作者的内心世界,只有搁置某些东西,那些被我们忽视的东西,才能真正呈现在我们的面前。

比如从文本细读的方法上出发,回到这篇散文本身,文章有很多段落和语言,仅仅从政治环境出发,是无法给出合理解释的,这样就需要我们另辟蹊径,寻找文本内部更多的可能性。整篇散文描写了一天晚上月光下的荷塘,在描写荷塘的过程中,作者综合运用了很多文学修辞手法,烘托出一种唯美朦胧的夜色之美。在运用文学修辞的过程中,作者的很多语言是值得重视的,举例如下。

> 沿着荷塘,是一条曲折的小煤屑路。这是一条幽僻的路;白天也少人走,夜晚更加寂寞。

作者用一条小路把自己的世界和白天的世界分割开来,进入一种梦幻世界的前奏。

> 一个人在这苍茫的月下,什么都可以想,什么都可以不想,便觉是个自由的人。白天里一定要做的事,一定要说的话,现在都可不理。

在月下寻找到真正的自我，日常失去的自由，在此刻都回来了。

> 曲曲折折的荷塘上面，弥望的是田田的叶子。叶子出水很高，像亭亭的舞女的裙。层层的叶子中间，零星地点缀着些白花，有袅娜地开着的，有羞涩地打着朵儿的；正如一粒粒的明珠，又如碧天里的星星，又如刚出浴的美人。微风过处，送来缕缕清香，仿佛远处高楼上渺茫的歌声似的。

这一段写出了作者对荷塘的钟情，几乎想把人间一切美好语汇都献给这满月下的荷塘，用的语言修辞细腻而富有温情。语词中看起来是写荷塘，而实际是在写美人，美人的气质，美人的穿着打扮，美人的仪表情态，朱自清对荷塘的爱好像对美人的爱，而且是深入骨髓的，甚至把她想象成“刚出浴的美人”，充分调动人的视觉、触觉、嗅觉、听觉，构成了一幅月光下的美女图像。与其说作者是在写荷塘、荷叶、荷花，不如说是在写“美人”，只不过不是明写，而是用修辞的方式隐晦地呈现，想到这里，从批判性思维入手，我们要问，朱自清为什么这样写，这样写的原因何在？文字的背后是否隐藏着朱自清难以言说的“某些苦衷”，这是我们需要去探究的。

当然如果文中只是出现这一小段的修辞描写，估计也说明不了什么问题。但是当作者走出这荷塘，感到无聊至极的时候，他又说：“忽然想起采莲的事情来了。采莲是江南的旧俗，似乎很早就有，而六朝时为盛；从诗歌里可以约略知道。采莲的是少年的女子，她们是荡着小船，唱着艳歌去的。采莲人不用说很多，还有看采莲的人。那是一个热闹的季节，也是一个风流的季节。”回顾历史的文献，想到的还是江南采莲曲，采莲是男女约会、互相嬉戏的一种风俗，采莲的少年和女子，他们还唱着“艳歌”，可见作者对这些美好的场景是心向往之，再加上将月色下荷塘比作少女，仿佛在这一篇散文中，作者似乎就从没有离开过对少女的钟情，甚至谈到那是“一个风流的季节”。为了说明这种钟情，作者还把梁元帝《采莲赋》全盘托出，赋中少女的一颦一笑、天真烂漫、风情万种是在朱自清的内心久久回荡的。如果《采莲赋》不足以说明作者内心的想法，那么作者又来了一首《西洲曲》描写了荷下鱼儿嬉戏的快乐场景。如果我们只从表面来看，作者似乎就是因为逛了荷塘，然后想到南方诗歌，似乎也可以说得通，但是我们要反问的是，作者为什么没有选别的诗文，而独独选了这两首甚至带有“艳词”倾向的诗文呢？如果不能回答这些问题，我们对作者的意图就还是懵懂无知的。面对这些疑问，我们就需要扩展我们的思维视野，跳出学科的界限，寻找其他学科的方法论支撑。如果我们有人类学的、社会学的知识，或者阅读了闻一多先生有关江南文化的民俗解读的文章或专著，我们就可以得出作者引用这两篇诗文的真正目的。从人类学角度出发是这样解读的：《采莲赋》和《西洲曲》其实写的是少男少女爱情欢会的。采莲实质是一种文化仪式，一种浪漫游戏。《西洲曲》中鱼与莲其实是一种隐语，鱼莲戏其实是男女嬉戏的象征，这是一种恋爱舞蹈，是原始繁殖仪式的变形。在中国文化中，荷花的象征是非常丰富的，如有生命起源的象征，两性精神结合、和谐、融洽的象征，子孙满堂的象征，美女的象征等。

如果有了这些知识或者解释作为支撑，那么对《荷塘月色》的真正写作意图，我们是应该有所触及了。但是如果简单地下结论似乎还是为时过早,甚至有点武断,在思维上还是不够严密,有可能无法自圆其说。但是如果对西方精神分析心理学代表人物弗洛伊德的理论有所了解的话,或者说从精神分析角度切入来解读《荷塘月色》,就有了理论方法上的支撑,逻辑推理上不会显得很突兀,运用弗洛伊德作家与白日梦的关系、本能和无意识等理论来解读,就会顺畅很多。

在解读的过程中,我们要了解的问题是,朱自清的现实婚姻是否美满,特别是他在写这篇散文时处于第一段婚姻中,在这段婚姻关系中,他是否真正的快乐。从现有的文献来看,朱自清擅长写散文,但在第一任妻子活着的时候,没有为第一任妻子写过一篇含情脉脉的文章。后来再婚后才为去世三年的前妻写了一篇《给亡妇》,大多数评论认为这篇文章感情至深,如果从批判性思维出发,笔者对此存疑。朱自清和第一任妻子有6个孩子,应该说生活压力不小,再加上后来和父亲关系并不融洽,生活过得应该算是很紧巴。这些都从侧面说明朱自清的感情世界并非我们想象的那样甜蜜自在。相反,朱自清在散文作品中流露出来的却是另外一种想象的甜蜜,通过文学的想象创造自己的另外一个白日梦,而在这个白日梦背后隐藏的是自己某种情感上的苦闷。得出这样的结论,如果仅仅由《荷塘月色》一篇散文出发,显然逻辑自洽性上仍然是薄弱的,那么如何弥补这样的不足呢?我们需要扩大自己的阅读面,寻求更多的论据,来回答与《荷塘月色》的意图比较接近的散文,看看其他散文中有没有隐藏着朱自清的这一意图,如果有,则可以说明朱自清这种情感世界的想象是带有普遍性的,在逻辑自洽性上则可以接近作者的真实意图。在审视他的所有散文作品之后,我们看到其他一些散文作品中有很多和《荷塘月色》同样的修辞和文学想象。

这样的散文有《月朦胧,鸟朦胧,帘卷海棠红》中的一段:

试想在圆月朦胧之夜,海棠是这样的妩媚而嫣润:枝头的好鸟为什么却双栖而各梦呢?在这夜深人静的当儿,那高踞着的一只八哥儿,又为何尽撑着眼皮不肯睡去呢?他到底等什么来着?舍不得那淡淡的月儿么?舍不得那疏疏的帘儿么?不,不,不,您得到帘下去找,您得到帘中去找——您该找着那卷帘人了?他的情韵风怀,原来是这样的哟!朦胧的岂独月呢;岂独鸟呢?但是,咫尺天涯,教我如何耐得?我拼着千呼万唤;你能够出来么?①

《一封信》中的一段:

我真爱那紫藤花!

……

暖和的晴日,鲜艳的花色,嗡嗡的蜜蜂,酝酿着一庭的春意。我自己如浮在茫茫的春之海里,不知怎么是好!那花真好看:苍老虬劲的枝干,这么粗这么粗

① 朱自清.朱自清经典[M].沈阳:北方联合出版传媒(集团)股份有限公司,2019:32.

的枝干，宛转腾挪而上；谁知她的纤指会那样嫩，那样鲜丽呢？那花真好看：一缕一缕垂垂的细丝，将她们悬在皴裂的臂上，临风婀娜，真像嘻嘻哈哈的小姑娘，真像凝妆的少妇，像两颊又像双臂，像胭脂又像粉，真令我十二分诧异！

……

那丰姿更是撩人：云哟，霞哟，仙女哟！我离开台州以后，永远没见过那么好的紫藤花，我真惦记她！[①]

《看花》中的一段：

却只知道跑来跑去捉蝴蝶；有时掐下几朵花，也只是随意挼弄着，随意丢弃了。至于领略花的趣味，那是以后的事：夏天的早晨，我们那地方有乡下的姑娘在各处街巷，沿门叫着，"卖栀子花来"。栀子花不是什么高品，但我喜欢那白而晕黄的颜色和那肥肥的个儿，正和那些卖花的姑娘有着相似的韵味，栀子花的香，浓而不烈，清而不淡，也是我乐意的。我这样便爱起花来了。也许有人会问，你爱的不是花吧？这个我自己其实也已不大弄得清楚，只好存而不论了。[②]

《歌声》的一段：

群花都还做她们的清梦。那微雨偷偷洗去她们的尘垢，她们的甜软的光泽便自焕发了。在那被洗去的浮艳下，我能看到她们在有日光时所深藏着的恬静的红，冷落的紫，和苦笑的白与绿。以前锦绣般在我眼前的，现在都带了黯淡的颜色。——是愁着芳春的销歇么？是感着芳春的困倦么？[③]

《女人》中的一段：

我所追寻的女人是什么呢？我所发见的女人是什么呢？这是艺术的女人。

……

所谓艺术的女人，有三种意思：是女人中最为艺术的，是女人的艺术的一面，是我们以艺术的眼去看女人。艺术的女人便是有着美好的颜色和轮廓和动作的女人，便是她的容貌，身材，姿态，使我们看了感到"自己圆满"的女人。

……

我们之看女人，若被她的圆满相所吸引，便会不顾自己，不顾她的一切，而只

---

① 朱自清.朱自清经典[M].沈阳：北方联合出版传媒（集团）股份有限公司，2019：28.

② 朱自清.朱自清经典[M].沈阳：北方联合出版传媒（集团）股份有限公司，2019：57.

③ 朱自清.朱自清经典[M].沈阳：北方联合出版传媒（集团）股份有限公司，2019：3.

陶醉于其中；这个陶醉是刹那的，无关心的，而且在沉默之中的。[1]

不再一一列举，如果我们通读朱自清的散文，可以发现很多语言修辞背后隐藏着朱自清真正情感的向往。朱自清的第一段婚姻，其实是家庭包办的婚姻，可能无法真正满足朱自清对情感的需求。《给亡妇》用的是带有笼统性的、集体性的题目，显然在个体感情世界里，这样的题目在细腻程度上略显不足。

通过《荷塘月色》的批判性思维的训练，我们可以得出以下几点启示。

第一，我们平时司空见惯的认识是否可靠，有些认识是不是存在很多漏洞和不合理性，这些漏洞和不合理正是我们批判性思维的入口。

第二，提出一个观点时，需要我们对材料要有充分的把握，对于有些重要文献还要深入细读，这样才能为思维的拓展清理出可以展开的写作道路。

第三，要寻求思维和写作的严密性，必须拓展自己在学识和方法论方面的视野，没有这些东西的支撑，我们的思维和写作就无法走得更远，所以宏观的把握和微观的审视，二者缺一不可。

第四，问题意识是思维和写作能够进行下去的保证，没有问题意识，就不知道如何切入，更不知道写作如何展开，本质上批判性思维的训练和写作，就是对一系列问题的回答，问题的质量如何也将决定你给出的答案质量如何，没有有深度的问题，也就不可能有深刻的解答方案。

第五，批判性思维不是为了反对而反对，它需要强大的理论和材料支撑，只有具备了这两个要素，我们的批判性思维才是有效的。

第六，批判性思维是停留在头脑中的思考方式和逻辑形态，写作是对这种思考路径的呈现。如果想更好地把思维呈现出来，需要我们不断练笔，提高写作的能力，这种能力包括概念理解的能力、逻辑推理的能力和语言完美组织的能力。这些能力的达成都不是一蹴而就的，而是需要日积月累，持之以恒的。

## 思考与练习

1. 批判性思维有哪些重要的特征？
2. 批判思维的表现形式有哪些？选择其中一种，举例说明。
3. 如何达成批判性思维，从自己的亲身经历出发，谈谈自己的感受。
4. 选择自己感兴趣的一个问题，运用批判性思维展开写作。
5. 如何看待转基因问题，提出你的观点并进行论证，字数不少于1000字。

---

① 朱自清.朱自清经典[M].沈阳：北方联合出版传媒（集团）股份有限公司，2019：14-16.

# 第五章
# 逻辑与说理论证

夫辩者，将以明是非之分，审治乱之纪，明同异之处，察明实之理，处利害，决嫌疑焉。

——（周）墨子

物莫非指，而指非指。

——（周）公孙龙

没有一门科学比逻辑科学更强烈地感到需要从问题实质本身开始，而无须先行的反思。

——[德]格奥尔格·黑格尔

不合乎逻辑的观点只需一根绳索就可将它绞死。

——[英]奥古斯丁·比勒尔

艺术家用形象来表达自己的思想，而政治家则借助逻辑的推论来证明自己的思想。

——[俄]格奥尔基·瓦连廷诺维奇·普列汉诺夫

读史使人明智，读诗使人灵秀，数学使人周密，科学使人深刻，伦理学使人庄重，逻辑修辞之学使人善辩；凡有所学，皆成性格。

——[英]培根

## 课前思考

1. 逻辑是什么？
2. 在日常生活中，逻辑起着怎样的作用？
3. 写作中缺乏逻辑或逻辑混乱会产生哪些困扰？

说理性写作与形式逻辑知识的应用密切相关。文章是客观事物的反映，是写作主体对客观事物认识的一种语词(符号)形态。论文写作流程可以划分为两个阶段：一是思维的形成、发展调整及认识的不断建构阶段(即前写作阶段)；二是“凝固”认识，并凭借语词使其“形化”阶段(即写作阶段)。无论是前写作阶段还是写作阶段，一刻也离不开逻辑的指导，甚至可以说，论说文的写作流程就是在逻辑的河床中推进的，因为，论文的写作虽然必须从客观具体的对象起步，但其主导思维和认识是理性阶段的，它所诉诸文字符号而外现的不是客观事物本身，而是经由写作主体选择与炼铸的客观事物的本质。实践表明，论文写作的初学者在堆积如山、泛若烟海的材料面前之所以容易手足无措，筛定不出论题、凝聚不成论点、择选不准论据，一个重要的原因就在于他们尚未能把握逻辑工具，不能进入理性思维和理性认识阶段。

# 第一节 说理性论说文写作的逻辑构成要素

## 一、逻辑论证的构成要素

论证逻辑为人们正确思维、认识事物、表述思想、论证观点、交流思想，以及辩论、演讲提供必要的逻辑框架、逻辑手段和逻辑方法，并为人们学习、理解、掌握和研究其他科学提供有力的思想工具。在论证逻辑中，概念、判断和推理构成了论证表达的三大逻辑要素。

表达思维的过程是运用概念做出判断并进行推理的过程，写作时为了表达准确、有力，收到良好的效果，就必须符合逻辑。形式逻辑对思想表达的总体要求是在同一思维的过程中保持思维的确定性，这一要求的客观基础是事物的规定性及其运动的相对稳定性。为了保持思维的确定性，就要遵守形式逻辑的基本思维规律。作者撰写说理性论说文时如果违反这些规律，就容易产生混乱，且难以认识真理及准确表达思想。

说理性论说文的语言必须具有严密的逻辑性，要严格符合逻辑思维的基本规律和基本形式。因为科学规律本身具有严密的逻辑性。前提、条件、结论等都有其固定的规律，用准确的语言表达出来，就可以看出它的完整内容、条件、过程、结论。而如果在逻辑上发生问题，必然导致推论过程的混乱和结论的错误。在论证表达的三大逻辑要素中，首先要保证的是概念准确，其次要正确做出判断，最后是进行科学的推理。

### （一）概念

概念准确是基础也是前提，只有概念运用准确，才能得出合理的判断和推理，从而写出逻辑性强的说理性论说文。概念是思维形式最基本的组成单位，是构成判断、推理的基本要素。作为思维形式的概念是无形的，因此，概念的产生、形成和表达都不能自己完成，而需要借助语词来完成，语词包括文字、符号等，然而，它们要想有意义，就必须表达一定的思想，即必须要表达某个或某些概念才行。语词是概念的现实体现和外化表现，而概念则是语词的思想内容。概念与语词既有不可分割的内在联系，又有着根本的区别。

概念是反映对象本质属性和特有属性的思维形式。"概念"实际上应该包含两层含义，首先是概念的特征，即对象所具有的本质属性和特有属性，概念的特征可以称作"内涵"；其次是概念的范围，即具有该本质属性和特有属性的对象的总和，我们将概念的范围称作"外延"，内涵和外延是概念的两个逻辑特征。按照逻辑论证的要求，我们在日常语言交流和说理写作中要特别注意准确界定和把握概念的内涵和外延，否则就会出现逻辑表达错误，从而导致交流障碍。

不同概念的内涵不同，但外延可以完全相同或部分相同，当然也可以完全不同，从而产生了"概念外延间的关系"这一命题。理解和把握外延之间的关系，从大的方面讲，对于正确运用概念、做出恰当判断、进行有效推理、保证思维的清晰性和准确性具有重要的作用；从小的方面来讲，是掌握和运用传统性质判断逻辑的重要基础。

### （二）判断

1. 概念

判断，是对事物有所断定的思维形式。判断是组成推理的要素，并且是通过语句来表达的。判断具有两个重要的逻辑特征，第一是对事物的情况有所断定，不是肯定，就是否定。第二是要有真与假，一个判断如果符合客观实际情况，就是真判断，反之就是假判断。

2. 分类

判断的分类如下。

（1）直言判断：是断定思维对象具有或不具有某种属性的判断，也叫性质判断。

（2）联言判断：断定几种事物情况共存的判断。

（3）选言判断：断定在几种可能情况下，至少有一种情况存在的判断，又分为相容选言判断和不相容选言判断。

（4）假言判断：反映事物之间条件关系的复合判断，在假言判断中表示条件的判断叫作前件，表示结果的判断叫后件。假言判断又分为充分条件假言判断、必要条件假言判断和充分必要条件假言判断。

（5）负判断：通过否定某个判断所得的判断。如"并非一切产品都是商品"，就是负判断。负判断是由原判断加上否定连接词"并非"而形成的复合判断。原判断用"P"表示，负判断则是“并非P”。由此决定了负判断与原判断成对立关系。负判断的真假,与原判断的真假有密切关系。原判断“P”真,则负判断“并非P”就假;原判断“P”假,则负判断“并非P”就真。

(6)模态判断:即指一切包含有模态词的判断。模态判断是断定事物可能性和必然性的判断,它可以分为可能模态判断和必然模态判断。断定事物可能存在或可能不存在某种情况的判断就叫可能模态判断,其常用的模态词是“可能”“或许”“也许”等。可能模态判断又可以分为肯定可能模态判断和否定可能模态判断。断定事物可能存在某种情况的判断叫肯定可能模态判断,如“长期大量吸烟可能致癌”。断定事物可能不存在某种情况的判断叫否定可能模态判断,如“感冒可能不会发烧”,断定事物必然存在或必然不存在某种情况的判断就叫必然模态判断,常用的模态词是“必然”“一定”等。必然模态判断又可以分为肯定必然模态判断和否定必然模态判断。断定事物必然存在某种情况的判断叫肯定必然模态判断,如“生物必然要新陈代谢”。断定事物必然不存在某种情况的判断叫否定必然模态判断,如“谎言必然不会永久存在”。

3. 作用与特征

人通过判断,就可以对客观事物获得肯定的或否定的认识。判断和语词是密不可分地联系在一起的。判断通过语句来表达,句中的主语是判断的对象,谓语是判断对象的情况或关系等。判断句中的主语和谓语都是用相应的概念来表示的,因此,判断实质上也就是人在头脑中对某些已形成的有关概念所进行的一种分析与综合的过程。判断可分为直接判断和间接判断,肯定判断和否定判断,单称判断、特称判断和全称判断等。

对事物的情况有所肯定或否定的思维形式,属于理性认识阶段。判断由概念组成。如果说概念是用词语来表达事物的本质的话,判断则是用句子来表达事物的联系和关系的。

判断的第一个特征,就是它必须对事物的情况有所断定。如果对事物的情况既不肯定也不否定,而只是表示疑问,那就不是判断,而只能是问题。判断的另一个特征,就是它有真假之分。如果一个判断所断定的,是符合客观实际情况、与事实相一致的,这个判断就是真的;否则,就是假的。检验判断真假的标准是社会实践。

判断必须用语句来表达,可是判断与语句又不是一回事。判断是语句的思想内容,语句是判断的语言表达形式,正确运用判断进行解释,要深入理解和掌握表达判断逻辑结构的词语。只有那些对事物有断定,从而有真假可言的句子,才能表达判断。一般来说,陈述句都表达判断,疑问句、祈使句、感叹句不表达判断。

### (三)推理

推理是从一个或几个已知判断中得到一个新的判断的思维形式。每一个推理都是由前提和结论两部分组成,用来得出新判断的已知判断就是推理的前提,得出的新判断就是推理的结论。推理的种类众多,按推理所表现出来的思维的方向性,可分为演绎推理、归纳推理、类比推理等。每一种推理都对应着一种推理方法,它们构成了分析、论证数学问题的基本工具。推理有内容和形式两个方面，内容指前提和结论的真假性问题，形式指推理的结构形式问题，通常的形式逻辑只研究推理形式部分，不涉及推理的内容。数学推理则二者兼顾，不仅要求前提内容真实，而且推理必须合乎逻辑，即推理必须遵循正确的推理形式。

一篇说理性文章的逻辑结构必须具备论题、论据和论证三大要素，这三大要素就是文中存在的必然的、内在的、本质的且相对稳定的东西。论题是作者提出的观点和论证的对象。按论题的层次划分，论文有总论题和分论题，总论题是论文的中心，分论题是总论题的展开，它可以是总论题的一个属性、一个方面、一个关系、一个层次或一个过程等。

论据是用来说明论题的材料，具体可分为事实论据和理论论据。事实论据可以是观察的现象、计算的数据或实验的结果，理论论据可以是一个观点、一个方法、一个原理等，因此，论据可以是自然语言，也可以是符号，图表和数据。论证是由论据推导出结论的过程。论证的目的就是使论题得以成立，说理性论说文中论证的方式是多种多样的，但基本可以归结为四种基本的论证方式：归纳与演绎相统一、分析与综合相统一、抽象的与具体的相统一、逻辑的与历史的相统一。

## 二、说理性写作的方法

说理性论说文作为记录、传播和交流新信息和新知识的手段，首先应明确新信息和新知识所蕴含的概念，从而构成论题；然后围绕该论题，选择真实可靠的论据；最后用有力的论证方式来论证论题，从而得出令人信服的结论。

### （一）论题的确立

写论文讲究立意、选材、结构、语言，论文写作的思维活动正是围绕这几方面展开的。论文作为反映科学信息的有机整体，其论题、论据和论证三大要素之间互相制约、相互联系且具有紧密的逻辑关系。首先论题是中心要素，它支配和决定了说理性论说文的性质和功能，当论题明确时才能有效选择论据并组织论证，达到科学成果发表和交流的功能，反之，即使论据再多、论证再复杂，也达不到其应有的功能。

“论文论题须明确”，其中蕴含两方面的含义，其一是论题构成论点的判断要明确，构成判断的概念要明确；其二是论文的论题要首尾一致，从标题、摘要、问题的提出（引言）、正文及结论，都要贯穿一个主题，切忌随意扩大或缩小及更换。

论题的作用主要在于以下几个方面，首先，从总体角度，用简明、精确的词语反映论文的主要内容和强调的观点；其次，引导读者去发现并准确地把握论文的要领；再次，可以作为编制题录、索引和检索的主要依据。一个精妙的论文题目，常常可起到画龙点睛的作用；相反，题目如果起不好，往往会导致整篇论文的信息价值的缺失。

一个合格的论文题目，首先应当用最简洁、恰当的词组反映论文的特定内容，既不能把论文未涉及的内容或未得出的结论包容进去，也不能把论文已涉及的内容或已得出的结论摒弃在题名的包容范围之外。其次，题名中应包括论文的主要关键词，以便为检索提供特定的实用信息。再次，切忌用冗长的主、谓、宾结构的完整语句，逐点描述论文的内容。然后，题名应简洁，论文题名用字一般不宜超过20个汉字，使用简短题名而语意未尽时，可借助于副题名以补充论文的下层次内容。最后，题名应尽量避免使用符号，如数学、化学符号，不被同行所熟悉简称、缩写、商品名称等。

### （二）论据的选择

论据一方面受论题的支配，一方面又与论证一起反作用于论题。有了明确的论题，才能有目的地选择论据。当论据真实可靠和充分时，论题才有可能令人信服。因此，在说理性论说文的写作过程中，作者要收集和选择能论证论题的理论和事实来组织论文。在科技成果发表前进行编辑加工时，编辑会经过分析提示作者增加与论题、论证有关的材料，删掉与论题论证无关的内容，只有这样才能写出精彩耐读的论文。

### （三）论证的逻辑要求

论证受论题和论据的制约，又反过来制约论题的展开和论据的组织。当论题明确、论据充分时，论证还应当满足一定的逻辑要求，如专门性的说理性论说文往往采用逻辑演绎法，根据基本科学定理、定律，对所研究的新问题通过严密的逻辑推演得出新的结论。

反之，即使论题正确，论据充分，其论证也不能充分有力地证明论题。譬如，有些论文论题虽然明确，论据也充分，但是由于论证过程不够严密、不成体系，或者论证不彻底，使论文不能达到应有的理论水平。

结论是研究结果的逻辑发展与归宿。说理性论说文往往是科研成果的文字体现，说理性论说文的写作目的在于总结推广科研成果，阐发科学理论，开展学术交流，推动科学技术进步和发展。显然，从说理性论说文的写作目的上看，任何一篇有发表价值的论文，都应向读者展示其明确的结论，使读者获得明晰的科学技术新知识、新信息。如果论文得不出明确的结论，也就失去了写作和发表的意义。因此，结论在说理性论说文写作中是十分重要的。

结论是论文的归宿。人们在决定是否阅读一篇论文时，往往要先看标题和结论，结论既能体现该篇论文存在的价值，又对全篇论文起着画龙点睛的作用。结论是全篇论文的总结，是科学技术报告最终的和总体的论点，结论是整个课题研究结果的总判断、总评价。那些全文没有“最终和总体的观点”的论文，或者缺乏对整个课题研究结果总的判断和总的评价的论文，只不过是罗列了一些现象，拼凑了一堆材料，尚不能称之为论文。

综上所述，说理性论说文写作的逻辑构成，是写好论文不可或缺的，在一篇论文的写作中，它就好像一条看不见的链子，把全篇紧密地串联在了一起。在说理性论说文写作中不仅要注意逻辑关系，还要注意提炼，切勿认为只要做了实验，进行了计算分析，有了结果就足够了，而是要在结构布局、材料选择、语言运用等方面进行反复提炼，才能写出结构合理、语言规范、逻辑严密、内容富有创新的高水平论文。

## 第二节 论说性说理文写作的逻辑模式

论说性说理文是一种通过讲道理来达到使他人接受本方观点的文体。具体而言，即通过“摆事实、讲道理”的“议论说理”，以逻辑论证的方式来阐述自己的观点，表明自己的观点及支撑这些观点的相应理由，从而使自己的观点具备说服力。论说性说理是通过论证过程来完成的，论证是从论据到结论的关键过渡，其重点是论证过程的展开，具体而言，大致可分为核心论点的提炼、论说结构的设计、论证方法的使用三个步骤，同时也要注意语言表达的斟酌。

### 一、核心论点的提炼

论点是论说性说理文的核心与写作目的所在，它不是空穴来风，也并非通过命题的形式来指定，而是根据所掌握的相关材料来确定的。在根据特定材料提炼核心论点时，须达到两个重要的逻辑标准：首先是全面性，指的是立意的核心论点要涵盖材料中的主要信息，因为如果在分析材料过程中忽略了某一个或某一些重要的信息，那么提炼出来的论点就有可能是片面的；其次是准确性，这是指掌握的材料中可能有多个重要信息，但如果通过仔细的逻辑分析就可发现，这些信息当中或者在这些信息背后可能会有一个最为关键、最为核心的信息，此时就必须围绕这个关键信息来建立核心论点，因为如果围绕一个虚假的“关键信息”来建立核心论点，那么就会导致不同程度的偏题。

按照这样的标准，在具体的论说性说理文写作过程中，根据一定的材料提炼出来的立意论点可能会出现以下几种情况：第一，提炼出核心立意，即立意的论点与给定材料的关键信息相切合，涵盖了给定材料的所有信息；第二，提炼出边缘立意，即立意的论点虽然涵盖了材料的所有信息，但与这些材料的关键信息并不一定完全吻合，只能说是比较接近；第三，提炼出偏题的立意，即没有在材料的关键信息上立意论点，从而导致了偏题；第四，跑题立意，即提炼出的理论点与给定的材料核心立意无关。试看下面一个例子。

> 亚里士多德说过：“城邦的本质在于多样性，而不在于一致性……无论是家庭还是城邦，它们的内部都有着一定的一致性，不然的话，它们是不可能组建起来的。但这种一致性是有一定限度的……同一种声音无法实现和谐，同一个音阶也无法组成旋律，城邦也是如此，它是一个多面体。人们只能通过教育使存在着各种差异的公民，统一起来组成一个共同体。”①

这段材料，来源于亚里士多德的《政治学》，其中所涵盖的信息是一致性与多样性看似矛盾的关系，很显然，材料提供者的态度与亚里士多德的态度一致：都更为注重多样性。

① 亚里士多德.政治学[M].姚仁权，编译.北京：北京出版社，2007：19.

因此，从材料所涵盖的所有信息上来看，提炼核心立意应考虑两者关系，并且应该侧重多样性，故而得出"一致性基础上的多样性"这一核心立意，如此既体现出全面性，即涵盖了所有信息，又体现出准确性，即在关键信息上提炼出立意论点。

如果针对上面这则材料，最终提炼出"一致性与多样性的辩证统一"这个论点，则不够好，因为在背景材料中二者显然轻重有别，不宜笼统说辩证统一或共存，所以该立意只能说是较好的立意，因为并不完善。同样，如果没有察觉到多样性与一致性关系这个信息，只提炼出了"多样性"立意论点，也属于较好的立意。如果根据材料提炼出"求同存异"这个立意论点，则明显偏离了材料的重点信息"劝人求异"，因此，"求同存异"作为论点是偏题的，如果根据背景材料提炼出"教育"这个立意论点，则无论是"重视教育"还是"发扬教育"都属于离题的立意。

根据给定的材料提炼出核心论点并非易事，一般的路径是，首先找到材料中的主要信息，然后对这些主要信息之间的逻辑关系进行分析，并确定材料中的关键信息，最后结合材料的价值取向和自己的把握程度，确定立意的核心论点。举例如下。

> 洛伦兹是一位著名的物理学家，相对论的核心之一——洛伦兹变换方程便是他的杰作。然而，当发现这与牛顿的绝对时空观相矛盾时，他茫然了，因为牛顿的论断是不容置疑的经典。后来，爱因斯坦在研究这一领域时也遇到了同样的问题，与洛伦兹所不同的是，爱因斯坦毫无顾忌地突破了牛顿力学的束缚，赋予洛伦兹变换方程以全新的物理含义，从而建立了相对论。

对于这段材料，我们可以从洛伦兹和爱因斯坦面对牛顿经典理论的不同态度，来进行理解。材料中的关键词句："不容置疑"和"毫无顾忌地突破"看似矛盾，但这对关键词体现出的是对爱因斯坦的认可，因此，基于本材料，可以加以立意为：创新思维的一个重要特征是思维的批判性。所谓批判性，就是拒绝盲从，保持自己的思维个性，对于形形色色的知识和学说，不能盲从或全盘接受，或是受到"权威"的桎梏，而是善于独立思考，从而以一种合理的、适度怀疑的态度去对待。在科学研究中，不唯上，不唯书，既不屈从外来压力，也不迷信权威的已有结论，立足于已有的知识，始终保持清醒的头脑。要能够发现问题，提出问题，不囿于传统的理论框架，创造性地提出解决问题的方法。

## 二、论说结构的设计

### （一）设计原则

论说性说理文写作是写作者直接说明事理、阐发见解、宣示主张的文章，重点在于"事理"、"见解"和"主张"，其主要表达方式是议论，即写作者须按照清晰的逻辑顺序去叙述一件事情，去讲述一个道理，并表达某种见解和主张，其主线必须明确，条理必须清楚，通过这种形式的"沟通"，阅读者才能接受作者的论证，而要完成这样的"沟通"任务，必须对论说结构进行合理的设计，构思属于自己的“论说模板”。

论说性说理文在写作过程中，在进行了审题、立意、素材选择等一系列工作之后，需要对论说的结构进行合理的设计。构成相关设计的基本原则是保持其完整性，即文章要用清晰的思路，对写作内容和条理进行组织和安排，其具体主要表现为以下几点。

1. 完整性

要准确把握写作对象的完整结构。任何事物都有其自身特点，论说文中再现这些事物的时候，其结构就不能违背这一事物本身的结构特点。所以，要使得文章结构完美，首先就要对所论述问题的结构进行完整、全面的了解、把握和再现，这是论说性说理文结构设计获得成功的基础和前提。

2. 条理性

思路要清晰，构思须完整。构思思路清晰，结构构成设计就清晰。写作者必须养成写作开始之前先打好提纲的习惯，以保证思路有步骤、有次序、有层次地展开。构思文章结构时，思路不同，段落安排也不尽相同。论说性说理文，应有论点、论据和论证方式等要素，结构构成可以设计为并列展开、对照展开、层进展开、总分展开等形式。

3. 严谨性

有头有尾，布局匀称。开头结尾是文章的关键之处，有头有尾是文章结构完整的基本要求，要做到首尾呼应，这样才能给人以结构严谨之感。文章布局要讲究匀称，详略得当，不可头重脚轻。总之，文章结构构成设计要做到布局合理、匀称、美观。

4. 衔接性

自然巧妙衔接，自然过渡。衔接是利用一定的词语或者相应的句式连接，常常用在联系紧密的段落之间，使篇章前后连贯，脉络分明。相邻段落之间靠一定的语义关系自然组合。相邻的段落之间，用一定的语言材料连接起来，比如“然而”“因此”“不仅如此”“另一方面”“总而言之”等，或者直接用“首先”“其次”等词语。过渡常常用在意思转折加大的段落之间，如两个不同的事件、两种不同的内容、两个不同的场面等。

仍以前文亚里士多德《政治学》中的例子为例。

这段材料表达了三个分论点：第一，多样性是重要的，城邦的本质在于多样性，而不是一致性。第二，一致性是重要的，没有一致性，家庭和城邦都无法组建。第三，两者的结合更重要，城邦也是如此。集中表现作者看法的“关键句”是最后一句话，即教育将“存在着各种差异的公民，统一起来组成一个共同体”，指出教育是实现多样性与一致性相统一的关键因素。沿着这个思路，我们可以提炼出立意的核心论点：教育促进多样性与一致性的统一。

### （二）论说性说理文的结构

论说性说理文的结构，主要包括三大部分，即引论、本论和结论。

1. 引论

引论部分，即开头，其主要任务有两个，一是引出材料，即简单概括地引述材料的核心内容。二是摆明观点,即“摆出个人对材料的看法并提出观点”。

2. 本论

本论部分即正文,是论说性说理文的核心部分。在这一部分内容的写作过程中,初学者常常感到困难,结构也容易混乱,或因缺乏案例论据,显得枯燥乏味。这一部分,通常采用如下五种结构模式。

(1)递进式结构模式

这种结构模式又称问答式结构模式,这种结构模式中,分论点之间不是并列关系而是递进关系。几个分论点一般围绕“是什么”“为什么”“怎么样”这三个问题来设置,并重点解决其中一个问题,这样可以保证内容相对集中。这一模式,按照提出问题—分析问题—解决问题层层推进,内容上以深入深刻见长,因此文章各层次的前后顺序有严格要求,不能随意改动。

递进结构的基本写作模式是:引论,即开头,或者是引用故事,或者引用素材,或者直接交代总论点;本论,即正文,包括分论点1(是什么)、分论点2(为什么)、分论点3(怎么样);结论,即结尾,从为什么的角度深化总论点。递进结构模式是一种经典的总—分—总结构。

(2)并列式结构模式

并列式结构模式要求开头引出中心论点,中间主体部分分层论证,结尾深化论点,而中间主体部分,为了论述方便,将文章的中心论点分解成几个平行的、并列的分论点,或者是把论据并列起来,论证的几个层次或者段落之间的关系是平行的。并列式结构模式的特点是层次分明,从不同侧面阐述中心论点。写作时,几个分论点要紧扣中心论点,而分论点要简洁、鲜明、突出,为此,也可以将几个分论点锤炼成一个排比句。

并列式结构的基本写作模式是:引论,即开头,或者开门见山交代总结论,或者引用故事,或者引用素材;本论,即正文,包括分论点1(提出分论点,摆事实讲道理)、分论点2(提出分论点,摆事实讲道理)、分论点3(提出分论点,摆事实讲道理);结论,即结尾,从为什么的角度深化论点。并列式结构模式中,本论部分三个分论点可以不分先后顺序地并列排列,可以随意排列顺序,不存在主次之分;也可以按照一定的逻辑顺序来排列,一般采取递进的方式。

例如,给出下列材料,进行论说文写作。

在滑铁卢战役的第一个阶段,拿破仑的部队兵分两路。右翼由拿破仑亲自率领,在利尼迎战布鲁查尔;左翼由奈伊将军率领,在卡特勒布拉斯迎战威灵顿。拿破仑和奈伊都打算进攻,而且,两个人都精心制定了对各自战事而言均相当优秀的作战计划。但不幸的是,这两个计划都打算用格鲁希指挥的后备部队,从侧翼给敌人以致命一击,但他们事前并没有就各自的计划交换意见。当天的战斗中,拿破仑和奈伊所发布的命令又含糊不清,致使格鲁希的部队要么踌躇不前,要么在两个战场之间疲于奔命,一天之中没有投入任何一方的作战行动,最终导致拿破仑惨败。

范文如下。

### 滑铁卢之败，败在管理

对于历史来说，滑铁卢已经不仅仅是个地名，而是失败的代名词。尽管是两个优秀的将军，尽管是两套优秀的作战计划，曾经横扫欧洲的军队却在滑铁卢之役中惨遭重创，对此，不由使人发出感慨：滑铁卢之败，败在管理！（引论：引材料，摆观点）

滑铁卢之败，败在组织。（观点1）两种不同的声音，两个不同的命令，必然导致“后备部队要么犹豫不决，要么疲于奔命”。拿破仑所犯错误，恰恰是管理大忌，违背了“统一指挥”原则。对于组织而言，每项活动都应该在一个管理者和一个计划下指导，而组织中的每个人都只应接受一个上级的指挥。否则，下属必将会陷入不知所措、疲惫不堪的局面。也正是这个错误，使他的后备部队不能及时增援，拿破仑在焦急和无奈中结束了他一生中打得最被动、最悲惨的一次战役。

滑铁卢之败，败在沟通。（观点2）如此重要之战役，两位将军战前过于轻视沟通，双方“互相没有对作战计划交换意见”，可是“两人的计划都要用另一将军率领的后备部队”。悲剧的上演已经不能用草率二字来概括了。没有有效的沟通，必然会导致组织的内耗，同时使组织的资源不能合理的利用。沟通的缺失使拿破仑的命运就像雨果曾形象地写道：“1815年6月18日，罗伯斯庇尔从马背上摔下来了。”

滑铁卢之败，败在协调。（观点3）协调对组织而言不仅重要，甚至可以将其视为组织管理的核心。上述管理职能的缺失，在战争展开之际，两位将军带领的部队无法进入协调的状态中。因此，组织也无法收到“1+1>2”的协同效应。虽然两位将军都很优秀，虽然两套方案都很优秀，但是在没有充分协调的状况下，滑铁卢之败抹去了拿破仑一切胜利的记忆。

尘埃落定，拿破仑的时代过去了。两军对阵，仅一天，拿破仑就兵败滑铁卢。他的失败是必然的，历史业已证明了这一点，今天我们站在管理的角度也都毫无困难地证实了这一点。（结论）[1]

（3）正反对比式结构模式

在论证思路中，把两种事物或意见加以对比，或者用另一种事物或意见来烘托某一种事物或意见，这就是对比式结构模式。论说性说理文有时候采用正反对比式结构模式，其

① 王诚.2013年经济类、管理类联考综合能力核心笔记、写作[M].北京：北京理工大学出版社，2012：244-245.

基本的结构为：引论，或者引用故事，或者引用素材，或者开门见山交代总论点；本论，包括正面论证、反面论证、深度分析、联系实际四者相互结合；结论，即照应开头，深化论点。

正反对比式结构模式是论说性说理文写作中最常见的结构，按照这个结构可以对很多问题进行论述，因为段落相对较多，因此需要注意写作过程中对篇幅的把握，避免结构配比不平衡，从而导致头重脚轻的情况。

(4)新闻事件式结构模式

如果给定的材料中出现以“新闻事件”为主的内容，应该仔细加以阅读和分析，找到材料中所体现的对该事件的态度：支持或反对。在确定立意核心论点之后，按照新闻事件式结构模式进行写作。新闻事件式结构的基本写作模式是：引论，引用材料；本论，包括罗列现象、讨论范围、谈论影响、找到措施等；结论，即结尾，从“为什么”的角度深化论点并进行畅想。

(5)社会现象式结构模式

社会现象跟新闻事件不同，社会现象不是突然爆发的而是长期存在的，有其必然性。对这些社会现象如何看待，需要用社会现象式结构模式来展开分析。社会现象式结构模式的基本写作模式是：引论，引用材料；本论，包括讲危害、谈意义、析现象、讨根源、提方案等；结论，深化论点并提出论断。

3. 结论

结论是论说性说理文的最后一部分。论说性说理文的结论部分一般需要表达两个方面的内容：一是再次重申观点，实现点题及首尾呼应；二是必要时提出畅想。

## 三、论证方法的使用

所谓论说性说理文的逻辑方法就是证明自己观点时所采用的逻辑方法，即在论说性说理文的写作过程中，为了使沟通对象能最大限度地接受自己的观点，论说者在论证过程中所使用的逻辑方法。论说性说理文写作过程中最常见的论证方法包括事实论证、理论论证、比较论证、比喻论证、因果论证、道理论证等。

### (一)事实论证

事实论证是一种从材料到观点、从个别到一般的论证方法，是从许多个别事物的分析和研究中归纳出一个共同结论的推理形式。从逻辑上来讲，这是归纳论证中的一种方法。使用这种方法，一般是先分论后结论，即开门见山提出论题，然后围绕论题逐层运用材料证明论点，最后归纳出结论。这种结构的方法，比较符合人们的思维认识规律。进行论证时列举的事实可以有两种形式：概括总体性事实和枚举个别性事实。

概括总体性事实的说服力在于事实所体现的普遍性，它是对事实的总体或全局的全面性统计和概括，当然，这种归纳也存在着很大的局限性，因为它至少要具备两个前提：首先，所统计或概括的对象是确定的、有限的；其次，所统计或概括的性质、现象是该对象所固有的。

枚举个别性事实的说服力在于事实所体现的典型性，它是根据某类事物的一部分性质推出该类事物具有该种性质，其前提与结论不是必然的，只有在没有遇到反例的情况下才能成立，这在逻辑上称为不完全归纳法或者简单枚举法。增强这种论证方法的途径是尽可能寻找有代表性典型事例。采用枚举个别事例的论证方式时，并不要求面面俱到，只需列举几个事例即可。枚举的事例要求有一定的典型性，同时要考虑到经济原则，尽可能避免同类重复。

由于追求总体性事实有时难以做到或者并无必要，所以在大多数情况下，都采用枚举个别性事实的论证方式。但是，单纯枚举事例很容易流于肤浅和空泛，不利于对观点和材料做进一步的分析，也就无法对论点加以深化，因此在运用枚举论证法时，一般都很重视抓住个别典型事例进行重点分析和阐述，有时甚至追求细节的准确性，点面结合，既有一定的普遍性又有相当的深度。这样的典型事例分析，往往能把抽象的或深奥的道理与具体生动的实例结合起来，深入浅出，使人印象深刻，有较强的说服力。

运用事实论证，在语言表达上，既要有承上启下的部分，与前文贯通一气，又要有扎结收束的部分，使事例不至于散乱。事实论证的逻辑结构，一般包括三个部分：一是导语，起到引出事例、概括段意、承接关联的作用；二是事例，这是事实论证的主要部分，包括援引事例、论证观点；三是评议，即对所举事例加以评论、点明含义。举例如下。

> 其实，古往今来，骄兵必败的例子是不胜枚举的。（导语部分，领起事例，概括段意，承接关联）吴王夫差骄傲轻敌，使越王勾践得以东山再起；楚霸王目中无人，使天下得而复失；明末起义军攻入北京后，由于不少人居功自傲，贪图安逸，使清军得以进入中原。（事例部分，援引事例，论证观点）这桩桩实事，件件教训，我们都要引以为戒。（评议部分，点明含义）

**（二）理论论证**

论点一般是从具体的材料中抽象概括出来的，其实质是归纳论证法，而这种归纳论证方法在很多条件下是很难做到完全归纳的，需要用理论论证加以衡量，才能保证其可靠性。理论论证的目的就是要证明论点具有普遍性和规律性。

1. 理论论证的逻辑形式

理论论证的逻辑形式是演绎论证，它是以具有普遍性的原理、原则和观点作为论据，运用演绎推理的方式，来证明论点的真实性，其典型形式是三段论法。三段论是由一个共同概念联系着的两个前提推出结论的演绎推理，由大前提、小前提和结论三部分组成。实际运用时，大前提或小前提有时可省略其一。

运用理论论证论述一个观点时，首先要在理论上加以证明。理论是具有普遍性的，论点如果没有普遍性就不能成立，有了普遍性，即某些现象是可以重复出现的，是有规律可循的，这样的论点就比较可靠和深刻。

理论论证不能仅停留在“观点＋引语”这种比较肤浅的形式上，一定要有“引”有“证”，一定要将引用的内容融入文章的分析论证中去，因为只有对引语加以评论，才能使读者知道引用这句话的目的，才能更好地证明自己的观点。引语前后需要分析性的语言来进行引申发挥。

2. 理论论证的论据类别

在论说性说理文的写作中，理论论证是否具有说服力、可靠性、有效性，关键要看论据的使用。一般情况下，理论论证的论据使用有以下三种类型。

（1）理论论证的论据要引用普遍性原理和原则，若引用经典著作的原文或学科权威人士的原话作为论据时，务必保证其准确。

（2）理论论证的论据可以引用各门学科的理论，例如，物理学理论、文学理论等。在较高层次的论说性文体如学术论文和文艺评论中，经常涉及多门学科，因此往往分别以文艺理论、心理学、社会学、人类学、语言学等多种理论来进行论证和阐述。

（3）理论论证的论据也可以引用某些经过时间检验的、广为流传的谚语、格言或成语等。

3. 理论论证的逻辑要求

运用理论论证能显示论说者的理论水平。有许多论说性文章，特别是某些概括性较高的哲学、经济学的学术论文，论证部分主要是理论论证，或者全部都是理论论证。论说性说理文的写作中，运用理论论证需要满足以下逻辑要求。

（1）重视哲学修养

理论论证表现为寻求普遍性、规律性和高度概括性联系，这就要求作者具有较高的理论素养。就一般性的论题而言，必不可少的理论准备就是哲学。有了哲学修养，就可能用最普遍的规律去对所要论证的论题的内部关系做新的发挥，形成自己新的观点，并用自己的语言加以表达。

（2）重视提示论点与论据之间内在的有机联系

既然引用理论作为论据，那就意味着论点与论据之间存在着内在的联系，这种联系需要作者自己去理解和阐述。运用理论论证，除了要在恰当之处精要地引述理论论据之外，还要联系论题对论据进行演绎性的阐述，把论题和论据充分、有机、严密地联系起来。缺少这一环节，就只是单纯地引经据典，就会削弱说理的思辨性与逻辑性，影响文章的说服力。在通常的理论论证中找到理论论据固然也不容易，要将理论论据灵活自由地引申发挥，就更得有相当过硬的逻辑演绎功底，否则，论证可能会成为单纯的引经据典。

（3）追求阐述的理论清晰度

叙事文体往往追求含蓄、意会，但理论阐述恰恰相反，它要求有高度的理论清晰度。这种理论清晰度既表现在表述概念、判断、推理等的明确性与一致性上，也表现在演绎阐述中思维的清晰与论述的透彻上。核心概念的论点与论据之间的联系，都是体现文章的理论清晰度的关键之处。尤其是运用理论论证，更要特别重视直接、明确地阐明论点与论据之间的关系。

4. 避免断章取义

在摘引理论著作的某些段落或个别语句时，要注意不可以从自己的目的出发，不顾原著的整体观点和上下文联系，寻找个别与自己论点相一致的言论，孤立地摘引出来。这种断章取义的操作，往往会偏离或歪曲原著的观点，有时甚至与原著观点背道而驰。

### （三）比较论证

比较论证是一种从材料到观点，从个别到个别的论证方法，是通过对个别事物的分析和研究，推出另一个个别事物的某个结论的逻辑论证过程。它通常分为两类：类比论证和对比论证。

1. 类比论证

类比论证是根据两个对象在某些属性上的相同或相似，推论两者在其他属性上也有相同或相似，其逻辑形式为：A具有a、b、c、d的属性，B具有a、b、c的属性，所以B可能具有d的属性。类比论证属于或然性推理，是一种从特殊到特殊、从个别到个别的推理方式，其结论不一定为真，只有某种程度上的可靠性。在某些情况下，一时无法获得更确切的论据，运用类比论证，有时是有效的。举例如下。

> 一般人总会这样认为，既然人工智能这门新兴学科是以模拟人的思维为目标，那么，就应该深入地研究人的生理机制和心理机制。其实，这种看法很可能误导这门新兴学科。虽然飞机发明的最早灵感是来自鸟的飞行原理，但现代飞机从发明、设计到不断改进，没有哪一项是基于对鸟的研究之上的。

上述论证采用的是类比论证。论证的结论：虽然人工智能以模拟人的思维为目标，但这并不意味着必须深入地研究人的思维的生理机制和心理机制。论证的论据为：虽然飞机发明的最早灵感可能来自鸟的飞行，但是现代飞机从发明、设计、制造到不断改进，没有哪一项是基于对鸟的研究之上的。显然，上述论证是基于把人工智能的研究比作飞机的设计制造、把人工智能对人类思维的模拟比作飞机对鸟的飞行的模拟得到结论的。

论说性说理文的写作中，使用类比论证，富于启发性，可以深入浅出地使读者领悟抽象的道理，也可以使文章简练生动。同时，使用这一论证方法也要注意，类比对象应有共同的或相似的属性，要防止出现机械类比的毛病。由于用来类比的前提是特殊的事物，所以类比推理的结论具有或然性，论述复杂问题时只用类比说理就会显得不够真实。

类比论证有一定的哲学依据，因为世界是多样的，又是统一的。从思维方式来看，类比论证不拘于事物表面上的差异，把不同的事物联系起来加以考察，试图在异中求同，这是包含了辩证法的因素的，在认识客观世界的过程中有其意义。许多类比的结论虽然不一定是真实的，但是可以把它们作为进一步研究的假说。作为一种论证方式，由于它是一种或然性推理，其结论不完全可靠，所以在表述上多用“可能”字样。另外，即使一个基本正确的类比结论中，也往往包含着某些谬误的成分。

使用类比论证需要注意以下三点。

第一，使用同类对象进行类比。世界上具有某些相同属性或相似属性的事物是无限多的，有的从实质上来说，是风马牛不相及的，将它们进行类比，就会缺乏说服力。同类相比一般都比较接近本质，结论也比较可靠。如人与人、动物与动物的类比，但不能从人与狗都要呼吸、吃食、睡眠等共同属性，推论出狗也有思想等属性。

第二，避免单独运用类比论证这一种论证方法。最好是与其他的论证方法结合使用。

第三，注意结论的可靠程度。除非个别很有把握的情况，否则结论一般只是一种可能性，因此在相关表述上要把握住分寸，不可绝对化。

2. 对比论证

对比论证是一种求异的思维方式，它侧重于从事物相反或相异属性的比较中来揭示需要论证的论点的本质。

对比论证方法的运用范围很广，因为可以进行比较的事物很多，古今、中外、大小、强弱等，都适合于进行比较，在比较中分析和阐明了两者的差异和对立之后，自然就能够确立论点了。

对比既可以是两个对象之间的比较，也可以是同一对象自身前后不同阶段之间的比较，前者称为横向比较，后者称为纵向比较。运用纵向对比的论证方法，不能停留在形式逻辑的静态判断的层面上，否则，有时会显得说服力不够。举例如下。

> 非洲草原上曾生活着一种鹿，世代处于狼群的威胁之下，擅长奔跑，健壮无比。后来人们为了保护它，将狼清除出草原。始料不及的是，鹿从此懒散起来，在无忧无虑中患起富贵病，整个种群渐渐退化。由此类推，人一旦没了对手，生活与工作将失去激情和动力，社会将失去生机。

上述论证采用的是对比论证中的纵向比较，通过非洲草原上有狼群威胁下的鹿与没有狼群威胁下的鹿前后特点的比较，说明了生活中竞争的价值和意义。

运用对比论证要注意以下两点。

第一，比较的双方要具备可比性。对两个对象进行对比，必须确保它们之间存在可比性，否则比较的结论就不一定有效和可靠。可比性主要从两方面来体现：一是拿来比较的对象一般而言应该属于同一类别，这一点与类比论证的要求是一致的。二是往往要界定比较的界面，即两者是在某一范围和层次上来进行比较，是两个对象的某些性质和特征在这个特定的界面上进行对比，而不是两个对象整体上的完全对比，因此对比的结论并不能无条件地加以外推。

第二，要建立合理的参照系。要进行比较，就必须具有合理的共同参照系，没有共同的参照系，两者就无法进行科学的比较。所谓参照系指的是用来衡量和确定双方优劣长短的标准，这一标准必须具有客观性，否则比较的结论就不一定可靠。

### (四)比喻论证

比喻论证是用比喻作论证,用比喻者之理去论证被比喻者(论题)之理。比喻论证与作为修辞手段的比喻不同,作为修辞的比喻一般不具有推理的过程,也没有论证的作用,其主要作用是加深读者的印象。在比喻论证中,比喻者是一组形象事例,其中包含着一定的关系和道理,被比喻者则是一种抽象的道理。比喻者和被比喻者虽然是两类不同的事物,但在它们之间存在着一个共同的一般性原理,因此它们之间具有推理关系。比喻论证是以比喻者作论据去论证被比喻者(论题)的论证方式。

比喻论证和类比论证不是同一种论证方式。在类比论证中,拿来作为类比的,必须是真实的事件。而在比喻论证中,比喻者既可以是夸张的事件,也可以是虚构的事件,只要它所包含的道理是真的就可以。在类比论证中,类比者与被类比者必须是同类事物,并且在一系列属性上相同或相似,然后推出要论证的某一属性也相同或相似。而在比喻论证中,比喻者与被比喻者是两类完全不同的事物,除了在所喻的一点上相同之外,其他方面都不相同。比喻论证中的比喻者和被比喻者之间必须是类相异而理相同,类相异才能做比喻,理相同才能进行推理,才能起到论证的作用。

鲁迅的杂文《拿来主义》中,有以下几段话。

> 譬如罢,我们之中的一个穷青年,因为祖上的阴功(姑且让我们这么说说罢),得了一所大宅子,且不问他是骗来的,抢来的,或合法继承的,或是做了女婿换来的。那么,怎么办呢?我想,首先是不管三七二十一,“拿来”!但是,如果反对这宅子的旧主人,怕给他的东西染污了,徘徊不敢走进门,是孱头;勃然大怒,放一把火烧光,算是保存自己的清白,则是昏蛋。不过因为原是羡慕这宅子的旧主人的,而这回接受一切,欣欣然的蹩进卧室,大吸剩下的鸦片,那当然更是废物。“拿来主义”者是全不这样的。
>
> 他占有,挑选。看见鱼翅,并不就抛在路上以显其“平民化”,只要有养料,也和朋友们像萝卜白菜一样的吃掉,只不用它来宴大宾;看见鸦片,也不当众摔在茅厕里,以见其彻底革命,只送到药房里去,以供治病之用,却不弄“出售存膏,售完即止”的玄虚。只有烟枪和烟灯,虽然形式和印度,波斯,阿剌伯的烟具都不同,确可以算是一种国粹,倘使背着周游世界,一定会有人看,但我想,除了送一点进博物馆之外,其余的是大可以毁掉的了。还有一群姨太太,也大以请她们各自走散为是,要不然,“拿来主义”怕未免有些危机。
>
> 总之,我们要拿来。我们要或使用,或存放,或毁灭。那么,主人是新主人,宅子也就会成为新宅子。然而首先要这人沉着,勇猛,有辨别,不自私。没有拿来的,人不能自成为新人,没有拿来的,文艺不能自成为新文艺。[①]

---

① 鲁迅.拿来主义[M]//鲁迅全集:第六卷.北京:人民文学出版社,1981:38.

在这一节中，鲁迅使用了一个非常复杂的比喻论证——用“大宅子”比喻文化遗产，用“鱼翅”，以及“鸦片”“姨太太”比喻文化遗产中的精华、糟粕等，从而得出对待传统文化的正确态度。在这个比喻中，“大宅子”和“鱼翅”“鸦片”“姨太太”等有包含关系，它们分别对应的本体的包含关系也是如此。从而生动地证明了自己的论点。

运用比喻论证要注意以下三点。

第一，用来作为喻体的事物，应当是为大家所熟悉的、具体而浅显的，这样才能既通俗又生动地说明另一个事物。

第二，比喻应当贴切、自然，要能恰到好处地说明被论证事物的特点。如可以把教师比喻成蜡烛、春蚕，说明他们无私奉献的精神，却不能将他们比喻成能使别人干净起来、自己却越来越脏的抹布、扫帚，这样运用比喻法，属于“引喻失义”。

第三，因为比喻的双方缺乏本质上的内在联系，所以任何比喻都是有缺陷的。要完整、深刻地论述一个问题，不能仅靠几个比喻，应把它和例证法、分析法等结合起来使用。

**（五）因果论证**

在论说性说理文的写作中，根据实物之间具有普遍的、必然的、联系的规律，通过提示原因来论证结果，就是因果论证。因果论证就是从因果关系上把论点和论据联系起来。

运用因果论证，不能停留在一因一果的层面上，而要善于多角度地分析原因和结果。比如，分析一果多因、一因多果，还有分析同因异果、异因同果和互为因果等关系。一般来说，在使用因果论证时要重视以下几点。

1. 分析主要原因和次要原因

有的时候结果是由多种原因引起的，这时必须分析和抓住其中的主要原因，提示引起结果的最本质、最核心的因素来论证论点。

主要原因，有时指的是与论点关系最密切的原因，它可能会因不同的议论目的而发生转变。应当根据各种原因与论点间的关系，着重分析主要原因来论证结果，对其他次要原因，应根据它们所起的作用及其与论点的关系，有所区别地加以对待。对比较重要的次要原因，则宜做简要分析，不重要的原因，只提示一下即可。这样，论证过程就能做到有主有次，有面有点，有详有略，既准确又精炼。

2. 分析产生的原因

某种现象产生的原因有时是多层次的，有些因素虽然看起来似乎是发生作用的原因，但在它们的背后，却还有更深层次的原因。对于具有多重原因的事物，如果只停留在其中的某一个层面上，并将其当作导致结果的最终因素，论点就可能不深刻，也难以把问题谈透彻，这样的因果论证，说服力是有限的。遇到这种情况，应当一层层地探究下去，一直到发现最终极的原因为止。一般来说，越是表层的、为大家所熟知的原因，其论证的力度也越有限；越深层的原因，就越能说明问题的本质，就越有说服力。举例如下。

三国时的马谡乃蜀军一员大将。镇守街亭，他把二十万大军驻扎在高山上，久经沙场的老将王平力劝他撤离此山，其理由让在场的将士信服，但唯有马谡仍然坚持自己的意见，结果被司马氏围山断水，放火烧山，蜀军不战而乱，几乎全军覆没。马谡也依军法被处斩，身首异处。

街亭失守(论据的结果)，是因为马谡不懂兵法吗？不，他自幼熟读兵法，曾献计于诸葛亮，使其七擒孟获，平定南方边境。马谡的失败，是因为他狂妄自大，盲目自信，不能听取别人的正确意见(论点)。

3. 分析异因同果、同因异果和互为因果

这类分析就要力图达成异中求同或同中求异，这是辩证逻辑的要求，其关键是考查和分析不同原因和结果之间的关联。异因同果表面上是由互不相干的原因导致的类似结果，但如果用联系的眼光看待问题，并深入地加以分析探讨，就可以发现在它们的背后存在着某种共通之处，此时就易于排除表面现象产生的迷惑，从而更加接近事物的本质。

同因异果也是事物之间的常见的相互联系。同样的原因，在不同的条件下，可能产生不同的结果。这样的情况在现实中也是很常见的，比如同一项改革措施，施行于不同条件和状况下的人们，所造成的结果就有可能大不一样。在运用因果论证时，有时就必须对同因异果的关系加以分析，才能使论点得以深化和确立。

互为因果更具有辩证逻辑的特点。事物在一定条件下的互相转化，是极为普遍的现象。例如，在生态平衡问题的领域里，就广泛存在着互为因果的关系。分析互为因果的关系，不仅要提示两个事物之间存在的这种联系，还必须说明在什么条件下，因果才会发生互相转化，举例如下。

采用因果论证的方法对观点“好集体不会埋没人才”进行论证。分析如下。

对观点“好集体不会埋没人才”进行因果论证，可以举一个正面的例子、一个反面的例子，然后对这两个例子进一步从正反两个方面进行分析，证明论点，见解深刻，说理透彻，即要求能透过现象看本质，揭示问题的实质，预感事物发展的趋向。

孙膑与庞涓同出于鬼谷子门下，他们二人可以说是精于谋略，都是不可多得的人才。但是当孙膑来到庞涓任职的魏国时，庞涓嫉妒他的才能，表面恭敬，内心狠毒，多次向魏王进谗言，致使孙膑被挖去膝盖骨，不得展其才志。而齐王听说孙膑之才，不惜费尽心力将之请到齐国，并且委以重任，齐军这才有了马陵道之胜。在不同国家，孙膑为何境遇不同呢？就是因为他效力于优劣不同的两个统治集团。在魏国，庞涓只为私利，妒贤嫉能，魏王昏庸，偏听偏信，而且缺乏识别千里马的伯乐眼光。试想孙膑在这么一个集体中，如何施展大志呢？而齐王任贤用能，身边的臣子也不像庞涓那样心机深重，因而上下齐心，孙膑在此，可说计出即行，正得以充分发挥作用。可见，好集体不会埋没人才。

### （六）道理论证

道理论证即使用经典著作中的精辟见解、古今中外名人的名言警句及人们公认的定理公式等来证明论点，其作用是使论述具有权威性，增强说服力。例如培根《谈读书》列举"读史使人明智，读诗使人灵秀，数学使人周密，科学使人深刻，伦理学使人庄重，逻辑修辞之学使人善辩；凡有所学，皆成性格"[①]。对这六门科学知识的作用进行论证，归纳出"知识能塑造人的性格"的结论。文中列举的内容丰富翔实，得出的论断令人信服。由于道理论证所引用的材料都是被客观实际所证实的科学结论，或是被人们所公认的道理，具有理论的权威性和思想的深刻性，因而具有不可辩驳的力量和说服力。此外，引用论证也是道理论证的一种，即引用名人名言或名人的观点等作为论据，引经据典地分析问题、说明道理的论证方法。

道理论证一般有以下几种形式。

（1）运用道理论据来证明论点。

（2）针对道理论据或事实论据，进行深入剖析，并对核心部分加以强调。

（3）运用已知条件，推理未知结论的整体推理过程。

（4）针对论点，指出或强调观点的内涵或外延，避免误解，确保论证逻辑严密。

（5）进行归纳总结，阐述结论。

举例如下。

智慧决定成败。(1)"鸟靠翅膀兽靠腿，人靠智慧鱼靠尾。"这是大家都熟悉的一句谚语。(2)"智慧总是强于力量。"这是古罗马费德鲁斯在《寓言》中的断言。(3)"爱民治国，能无知乎？"生于春秋时代的老子，曾这样语气沉重地反问。(4)"兵贵智而不贵力"，《宋史·傅楫传》所做的结论掷地有声。(5)可见，小至纷繁琐碎的生活，大到治国强兵之道，智慧无一不是先决要素。曹冲浮船称象，孙膑围魏救赵，李斯独占鳌头。(6)智慧之手，帮助这些的人实现了能别人所不能为、救别人所不能救、达别人所不能达的人生境界。(7)做事离不开方法，欲成就丰功伟业，必须先有超越常人之法，而智慧是生成捷径、技巧的土壤，是事半功倍之花盛开的阳光雨露。(8)然而需要提示的是，智慧只是决定成败的一个关键性因素，再好的途径，抛开了实践，舍弃了奋斗，也是一纸空话。这里说的智慧决定成败，是强调开启智慧头脑的重要性，并不否定其他决定因素对成败的影响和决定作用。(9)一个人想成就点什么，一个人想达成某个目标，单靠蛮干是不可取的，开动脑筋会缩短通向成功的路。

---

① 弗朗西斯·培根．论读书[M]//刘文荣．经典作家谈书与读书．上海：文汇出版社，2013：4.

在这一段论述中,(1)、(2)、(3)、(4)属于引用道理论据来论证观点的道理论证;(5)、(6)属于剖析道理论据和事实论据并进行局部总结类型的道理论证;(7)属于推理形式的道理论证;(8)强调指出式的道理论证;(9)属于总结全段或全篇,阐述结论性的道理论证。

## 思考与练习

1. 论证逻辑中有哪几个要素?
2. 说理性论说文需通过哪些步骤来得出令人信服的结论?
3. 说理性论说文写作中有哪些逻辑论证模式?
4. 说理性论说文写作中有哪些具体的逻辑方法可供使用?

# 第六章
# 组织内容成初稿

随事立体，贵乎精要；意少一字则义阙，句长一言则辞妨。

——（南朝）刘勰

为了写得好，必须充分地掌握题材，必须对题材有足够的思索，以便清楚地看出思想的层次，把思想构成一个连贯体，一个连续不断的链条。

——［法］德·布封

一字不可易，易则损文笔。

——［古希腊］荷马

且事以简为上，言以简为当。言以载事，文以著言，则文贵其简也。文简而理周，斯得其简也。读之疑有阙焉，非简也，疏也。

——（宋）陈骙

孙元忠朴学士，尝问欧阳公为文之法。公云："于吾侄，岂有惜？只是要熟耳。变化姿态，皆从熟处出也。"

——（清）唐彪

产生的影响。由于论文是属于文学范畴的，故作者用梁启超早年所作长诗《二十世纪太平洋歌》中“涛声彻耳逾激昂”这句话，来概括形容梁启超当时的海外心境的激昂，及创作《少年中国说》时的激情澎湃。这样的标题，也是“how＋what”模式的一个鲜明例子。

### （二）标题的具体写作技巧

标题在采用以上写法时，还须注意以下几点。

1. 标题不宜过长，最好不要超过20字

正如简短有力的命令能被人迅速领会并遵守一样，标题的字数也不宜过长。标题的字数若是超过20字，则重点容易混在其他的非重点字词中，不能让读者在第一眼就看清记住，印象也不深刻。如“国外主要垃圾可持续发展产业化模式的特点和优势及对我国垃圾处理产业的借鉴意义”，这个标题共有37个字，读起来非常长，因其冗长，其所突出的对象就不太明显，而且也因此给读者的印象不够鲜明深刻，故其应该改为“国外垃圾可持续发展产业模式的借鉴意义”。这样改后，前面“国外”二字，正说明借鉴其的对象自然是国内，特点和优势也正是要学习的部分，而文中重点放在“借鉴”上，作者的意图一目了然。

2. 标题一般以词组的形式存在，尽量不要用完整的句子

句子是正文中必不可少的成分，但却不是标题中的必要成员。由于句子往往包含了主语、谓语、宾语，甚至定语、状语和补语，因而它传达的信息比较多，但也同时因此带来冗长的感觉。故现在学术论文写作时，一般都默认为用词组的形式来加以表现。而标题的词组一般采用名词词组、动宾词组或是偏正词组这三种方法构成。如在写到现代的垃圾处理方式分类时，用的“垃圾堆肥法”和“垃圾填埋法”即为名词词组，“回收利用有机垃圾”为动宾词组，而“严格的垃圾分类处理制度”则是偏正词组。

3. 标题在写作时，尽量注意整体结构的一致性

一篇文章除了大标题之外，还涉及各节、各目甚至更下一级的标题。这些标题在命名时，除了遵循以上的两个原则之外，还应尽量注意文法结构的一致性，如不能全篇大致统一，至少要做到一章之内标题结构的相近。如第一章分析影响作家创作的因素，这些因素一般不外乎外在的政治、经济和当时的文坛影响，以及作者本人的经历对其心理的影响。那么，最简单的就可分为两大类：外界影响因素和内在影响因素，这就是结构的相似性。当然，如觉得这样的写法太一致而缺乏新意，也可自行斟酌，将之稍加修饰。

## 第二节　结构布局

文章的结构布局是指一篇文章中各章之间、各节之间，以及章与节之间的先后顺序和互相搭配的安排布局。如果说标题如同人的面容，展现的是容貌美否，那么文章的结构就如同人的骨架一样，美丽的容貌再配上匀称端正的骨架，才符合正常的审美标准。若是结构不匀称，正如骨架长成了畸形，也就无美可言。

在平时的写作中，最常见的文章结构主要有以下几种。

### (一)“总—分—总”式结构

“总—分—总”式结构即先提出总的观点，然后中间从各个方面展开进行论证，最后再进行总结，既是对前面分开阐述的收束，又是对最开始总的观点的照应。这种结构安排，使文章显得论证严密，结构紧凑，在议论文中使用得非常广泛，以千古名篇《谏逐客书》为例。

> 臣闻吏议逐客，窃以为过矣。昔缪公求士，西取由余于戎，东得百里奚于宛，迎蹇叔于宋，来丕豹、公孙支于晋。此五子者，不产于秦，而缪公用之，并国二十，遂霸西戎。孝公用商鞅之法，移风易俗，民以殷盛，国以富强，百姓乐用，诸侯亲服，获楚、魏之师，举地千里，至今治强。惠王用张仪之计，拔三川之地，西并巴、蜀，北收上郡，南取汉中，包九夷，制鄢、郢，东据成皋之险，割膏腴之壤，遂散六国之从，使之西面事秦，功施到今。昭王得范雎，废穰侯，逐华阳，强公室，杜私门，蚕食诸侯，使秦成帝业。此四君者，皆以客之功。由此观之，客何负于秦哉！向使四君却客而不内，疏士而不用，是使国无富利之实，而秦无强大之名也。
>
> 今陛下致昆山之玉，有随、和之宝，垂明月之珠，服太阿之剑，乘纤离之马，建翠凤之旗，树灵鼍之鼓。此数宝者，秦不生一焉，而陛下说之，何也？必秦国之所生然后可，则是夜光之璧不饰朝廷，犀象之器不为玩好，郑、卫之女不充后宫，而骏良駃騠不实外厩，江南金锡不为用，西蜀丹青不为采。所以饰后宫，充下陈、娱心意、说耳目者，必出于秦然后可，则是宛珠之簪，傅玑之珥，阿缟之衣，锦绣之饰不进于前；而随俗雅化佳冶窈窕赵女不立于侧也。夫击瓮叩缶，弹筝搏髀，而歌呼呜呜快耳者，真秦之声也；《郑》《卫》《桑间》，《韶》《虞》《武》《象》者，异国之乐也。今弃击瓮叩缶而就《郑》《卫》，退弹筝而取《韶》《虞》，若是者何也？快意当前，适观而已矣。今取人则不然。不问可否，不论曲直，非秦者去，为客者逐。然则是所重者在乎色、乐、珠玉，而所轻者在乎人民也。此非所以跨海内、制诸侯之术也。
>
> 臣闻地广者粟多，国大者人众，兵强则士勇。是以太山不让土壤，故能成其大；河海不择细流，故能就其深；王者不却众庶，故能明其德。是以地无四方，民无异国，四时充美，鬼神降福，此五帝三王之所以无敌也。今乃弃黔首以资敌国，却宾客以业诸侯，使天下之士退而不敢西向，裹足不入秦，此所谓“藉寇兵而赍盗粮”者也。
>
> 夫物不产于秦，可宝者多；士不产于秦，而愿忠者众。今逐客以资敌国，损民以益仇，内自虚而外树怨于诸侯，求国无危，不可得也。[①]

文章第一段开门见山提出“臣闻吏议逐客，窃以为过矣”的中心主题句，指出逐客的政

① 王兆鹏.中国古代文学作品选(修订版)·先秦两汉卷[M].武汉:武汉出版社,2014:69-70.

策为错，此为“总”。然后再用前代几位秦王任用客卿，使秦国日益强大的例子进行正面论证，这是从正面论证秦王前几代君王任用客卿的益处，与开篇首句“臣闻吏议逐客，窃以为过矣”相照应。

紧接着，第二段用现在的秦王重视女色、音乐、珠玉却转而轻视客卿，言秦王重物轻人的态度，这样就不能实现秦王意欲一统天下的壮志。这段是反面论证，言逐客对秦国造成的危害，则是从逐客之害又一次与文章首句相照应。此文的前两段通过正反论证两个层面来展开论述，是围绕着总观点的彼此对立却又互为依托的分论点，其实质还是为总论点服务。

前两段是摆事实讲道理，由现实上升到理论，而第三段和第四段则主要是从理论的层面上分别讲用客之功及逐客之害，虽是上升到抽象的层面，但仍然是扣紧“臣闻吏议逐客，窃以为过矣”这个核心句从正反两方面展开论证。

最后全文以“今逐客以资敌国，损民以益仇，内自虚而外树怨于诸侯，求国无危，不可得也”结尾，总结收束全文，既是对前面分论点的综合和收束，又与文首的总论点形成前后呼应，结构非常严密，并且紧凑的结构也使文章的观点非常鲜明、有力。

总—分—总的方法在论文中也可使用。不过论文中的开门见山的“总”多用在引言部分，而最后的“总”则在结语部分。再就是体现在某章内部的几个小节各自展开为“分”，最后章末论证总结为“总”，如《我国深地资源电磁探测新技术研究进展》在引言中指出电磁探测方法在我国深地资源探测中的重要性后，在引言的最后一段中有如下文字。

> 本文选择对解决深部资源探测有重要意义、最新发展的三种电磁探测技术进行评述：极低频电磁探测方法（WEM）、多通道瞬变电磁法（MTEM）和电性源短偏移瞬变电磁法（SOTEM）……在此基础上，本文分析了电磁探测装备研发的关键技术，包括：大功率发射机系列技术、磁传感器研发的关键制造技术、高精度低噪声多通道采集技术及与新方法配套的处理软件等，并对电磁法在深部金属矿产资源和油气等化石能源实际探测进行了展望。

从这里可以看出，在引言中，作者已经说明了其在本文中所要表述的内容，而正文就是围绕着作者所说的这几点展开的。为了更清晰地说明这一点，现将该文的章节标题移录于下。

> 1 深部资源电磁探测新方法
> 
> 1.1 极低频电磁探测方法
> 
> 1.2 多道瞬变电磁法
> 
> 1.3 电性源短偏移瞬变电磁法
> 
> 1.4 其他电磁探测方法
> 
> 2 深部探测关键装备技术

2.1 大功率发射机系列技术

2.2 磁传感器研发的关键技术

2.3 高精度低噪声多通道采集技术

3 深部资源电磁探测资料处理进展

3.1 噪声压制与去除

3.2 数据正反演

4 研究展望

5 结论①

而在结论中,作者又对前面三种最新的电磁探测方法的优劣进行了评测。既是对引言部分的呼应,又是对正文部分的总结。故这篇论文在大体上展现了“总—分—总”的结构。

但有时,“总—分—总”这种模式并不是以这种标准的形式存在,它还会有着某种变形。其变形多以“总—分”或是“分—总”的形式存在,其中前者因其特征比较明显比较多见,而后者的特征相对来说有点隐晦,必须要细读后才能发现。兹举墨子的《非攻(上)》为例,加以说明。

今有一人,入人园圃,窃其桃李,众闻则非之,上为政者得则罚之。此何也?以亏人自利也。至攘人犬豕鸡豚者,其不义又甚入人园圃窃桃李。是何故也?以亏人愈多,其不仁兹甚,罪益厚。至入人栏厩、取人马牛者,其不仁义又甚攘人犬豕鸡豚。此何故也?以其亏人愈多。苟亏人愈多,其不仁兹甚,罪益厚。至杀不辜人也,扡其衣裘,取戈剑者,其不义又甚入人栏厩取人牛马。此何故也?以其亏人愈多。苟亏人愈多,其不仁兹甚矣,罪益厚。当此,天下之君子皆知而非之,谓之不义。今至大为不义攻国,则弗知非,从而誉之,谓之义。此可谓知义与不义之别乎?

杀一人,谓之不义,必有一死罪矣。若以此说往,杀十人,十重不义,必有十死罪矣。杀百人,百重不义,必有百死罪矣。当此,天下之君子皆知而非之,谓之不义。今至大为不义攻国,则弗之非,从而誉之,谓之义。情不知其不义也,故书其言以遗后世;若知其不义也,夫奚说书其不义以遗后世哉?今有人于此,少见黑曰黑,多见黑曰白,则必以此人不知白黑之辩矣;少尝苦曰苦,多尝苦曰甘,则必以此人为不知甘苦之辩矣。今小为非,则知而非之。大为非攻国,则不知非,从而誉之,谓之义。此可谓知义与不义之辩乎?是以知天下之君子也,辩义与不义之乱也。②

① 底青云,朱日祥,薛国强,等.我国深地资源电磁探测新技术研究进展[J].地球物理学报,2019,62(6):2128-2138.

② 王兆鹏.中国古代文学作品选(修订版)·先秦两汉卷[M].武汉:武汉出版社,2014:77-78.

墨子在文章开头并未提出观点，而是采用有人偷桃李、偷猪狗等小家畜，偷牛马等大牲口一连串的现象来说明“亏人以自利”是不义的行为，其偷盗得越多，罪行越严重。并由此引申到杀人而夺其衣裳武器，其罪行又远大于前面所举。这些都是分论点，在表面上与文章的主题“非攻”并无直接联系，而到下半部，又由杀人的数量由一而至十，乃至百，人人皆知其罪当百死。说明大家都知道小的是非和道义，但是当事情变化到一个国家攻打另外一个国家，死伤的人不计其数时，人们不以为罪，反以为义，则是人们只知小义，而以大不义为义，故他用“是以知天下之君子也，辩义与不义之乱也”作为上半部的总结。既是对前面义与不义的收束，又同时暗含了反对战争的态度，与题目“非攻”的宗旨相吻合。此文可算是“分—总”模式的代表。

**(二)并列式结构**

并列式结构最明显的是各章节之间没有包含和交叉关系，各部分地位相等，不存在主次之分，并且在顺序上也可以调换。并列式在日常的公务文和事务文的写作中出现得较多。由于受其结构特点的影响，其在描述研究对象时是从多层次多角度平行展开的，涉及的面比较宽广，但是也因此导致其平行的结构较为单薄，在将问题进行深入研究时存在着不足，故而在当今的学术专著或论文中，并列式结构往往是以一本专著中的几章或论文一章中的几节等这种局部的形式存在。以下文的目录为例。

《电动汽车充放电负荷预测研究综述》目录

0 引言

1 充电负荷的影响因素

1.1 微观层面影响因素

1.1.1 车辆相关因素

1.1.2 充电设施相关因素

1.1.3 用户行为习惯相关因素

1.2 宏观层面影响因素

1.2.1 政策因素影响电动汽车发展规模

1.2.2 环境因素影响用户出行状况

1.2.3 市场影响充放电时间和地点的选择

1.3 影响因素的总结

2 电动汽车充放电负荷预测研究现状

2.1 充电负荷时间分布预测

2.1.1 基于确定性概率分布的随机模拟

2.1.2 基于排队论的随机模拟

2.1.3 多种场景的随机模拟

2.2 充电负荷空间分布预测

2.2.1 基于OD分析的方法
2.2.2 基于MAS的方法
2.2.3 基于MCMC的方法
2.3 不确定性变量的处理方法
2.3.1 起始充电时间、行驶里程及SOC等随机变量的处理
2.3.2 用户充电行为的不确定性处理
2.3.3 其他处理方法
2.4 云计算、大数据、人工智能等新技术的应用
2.4.1 架构平台型
2.4.2 结合模型利用大数据的数据量
2.4.3 人工智能范畴中算法的应用
2.5 电动汽车参与放电潜力评估方法
2.5.1 构建弹性系数函数或不同电价策略下分析
2.5.2 考虑电动汽车不同行为特性仿真响应能力
3 研究现状存在的不足与展望
3.1 现有研究存在的不足与改进方向
3.1.1 充放电行为还需深入分析
3.1.2 预测对象需针对性细化
3.1.3 负荷空间分布特性需进一步挖掘
3.1.4 各因素间耦合关系需加强统筹
3.1.5 参与放电的潜力评估研究需拓展延伸
3.2 充放电负荷预测新思路探讨
3.2.1 基于数据驱动的充电负荷预测方法
3.2.2 结合模型和数据驱动的预测思路
3.2.3 电动汽车参与需求响应的潜力评估思路
3.2.4 融合新技术的系统平台构建思路
4 结语①

由于文章的结构包含了章、节和目三个级别的标题，若是一一讲解较为琐碎，故主要以章标题和节标题为例展开分析。从这篇文章的标题来看文章的结构，开头的引言和最后的结语，带有“总”的性质，但是中间的三章，除了第1章第3节“影响因素的总结”是对第1章前面两节的总结之外，其他各章内小节的结构则各有不同，又以并列为主。首先，第1章的标题为“充电负荷的影响因素”，表明其目标是研究影响充电负荷的因素有哪些，第1

① 陈丽丹，张尧，Antonio Figueiredo.电动汽车充放电负荷预测研究综述[J].电力系统自动化，2019，43(10)：177-197.

节中“微观层面影响因素”与第2节“宏观层面影响因素”这两节是明显的并列因素，两节是相对而言，并无因果或递进关系，也可将两者的顺序颠倒过来而不至于对文章产生大的影响。其次，第2章的标题为“电动汽车充放电负荷预测研究现状”，其内第1～5节标题分别为“充电负荷时间分布预测”“充电负荷空间分布预测”“不确定性变量的处理方法”“云计算、大数据、人工智能等新技术的应用”“电动汽车参与放电潜力评估方法”，这五节分别介绍了目前有关电动汽车充放电负荷预测的五个方面的研究现状，其中第1节和第2节虽然联系比较紧密，但仍属于并列结构，余下的三节，则彼此之间的相关性更弱，但还是围绕着“电动汽车充放电负荷预测”的这个方向在展开。至于第3章的第1节和第2节，则是把第3章“研究现状存在的不足与展望”从“不足”与“展望”两个角度展开，这两节又是递进关系。

此外，第1章与第2章之间也是并列关系，不过第3章“研究现状存在的不足与展望”则又是对前面两章的评价和论证，和前面两章之间则又是属于递进关系。

因此可以看出，并列式结构虽然不适用于论文的整体布局，但是在从各方面展现研究对象时，它的结构特性又具有较大的优势。

### （三）递进式结构

递进式结构是相对于平行式结构的另一种结构，它主要是按照时间的前后秩序或是逻辑顺序展开。递进式结构与平行式结构的不同主要在于两点：第一，平行式结构的同等结构之间可以调换顺序，而递进式结构不能调换顺序；第二，平行式结构可以在同等结构中抽取某一章节的同时，不妨害文章整体思路，而递进式结构若抽出中间的环节，则文章结构不再完整。

递进式结构的优点在于它的逻辑性很强，能针对一个研究对象，层层深入，抽丝剥茧地把问题分析透彻，它的结构决定了它的内容范围不是很广，但是却能把研究对象进行深层次的分析论证，结构紧凑，具有很强的理论深度。现以《膨润土对U(Ⅵ)的吸附机理研究》为例来做分析。

引言
1 实验部分
1.1 试验试剂和仪器
1.2 膨润土吸附U(Ⅵ)前后表征
1.3 试验方法
2 结果与讨论
2.1 膨润土的特征描述
2.1.1 膨润土吸附U(Ⅵ)前后红外光谱比较
2.1.2 膨润土吸附U(Ⅵ)前后扫描电镜比较
2.2 时间对吸附U(Ⅵ)的影响

2.3 固液比对吸附U(Ⅵ)的影响

2.4 初始浓度对吸附U(Ⅵ)的影响

2.5 pH 对吸附U(Ⅵ)的影响

2.6 离子种类对吸附U(Ⅵ)的影响

2.7 离子浓度对吸附U(Ⅵ)的影响

2.8 膨润土对铀的吸附等温线

2.9 U(Ⅵ)在膨润土上的吸附动力学模型

3 结语①

在这篇文章里,正文的主体部分,也就是三个章之间是典型的递进式结构。因为有了第1章的实验部分为基础,才有了第2章的结果和讨论,而第3章的结语,则又是基于第2章的结果和讨论在理论上的提升。这3章之间顺序绝不可颠倒,同时缺少某一章,论文也不再完整。但是值得注意的是第2章中第1节的两小点,一个讲膨润土吸附U(Ⅵ)前后红外光谱比较,一个讲膨润土吸附U(Ⅵ)前后扫描电镜比较,是典型的并列结构,除此之外,第2章的第2～7节,是从时间、固液比、初始浓度、pH、离子种类、离子浓度等不同的层面讲其对吸附U(Ⅵ)的影响,也是明显的并列结构。第2章的第8节虽然不是如前面几节直接说外界对吸附U(Ⅵ)的影响,但是还是紧扣了膨润土这个核心,并且在第9节根据前面的数据,建构了一个U(Ⅵ)在膨润土上的吸附动力学模型,把分散的实验数据整合为一个理论的系统,提升了论文的深度。而最后的结语又在总结归纳全文的基础上,进一步从理论上加以概括和升华。

总而言之,在论文写作中,"总—分—总"式结构、并列式结构和递进式结构是比较常见的,但是在实际写作中,并不是单纯按某一个结构进行写作,而是一篇文章中根据作者的写作意图,至少使用了一到两种结构,使这些结构根据自己的特点有效地发挥其作用,从而更好地为文章撰写服务。

同时,在撰写各章节时,为了保持章节的连贯性,使结构表现得更加严谨,这时又可适当使用叙述性过渡、设问性过渡、排比式过渡和关键词过渡等方式,使上下文紧密衔接起来。

## 第三节 准确表达

在框架结构完整之后,就是用文字、图表和公式,将论文的观点表现出来。这时,语言文字作为论文中所占比重最大的部分,其重要性无可替代。而文字的表达若是出错,轻则会成为读者的笑话,使作者的水平为读者所诟病或质疑,重则影响作者的观点表达,若是在关键位置出现错误,甚至会使作者的意图为人所误解。因此,准确、精简的表达,是写作必须具备的基本功。这些准确精简的表达,主要体现在以下方面。

① 杜作勇,王彦惠,李东瑞,等.膨润土对U(VI)的吸附机理研究[J].2019,42(2):18-25.

## 一、使用字词要准确无误

字和词组是句子的基本构成单位，字词有如一台高精密机器上的一个个零部件，当零件出错或缺失，会影响机器的运行，若是关键部分的零部件出错，甚至会出现大事故。那么字词该如何使用呢？

第一，禁止使用带有歧视性、污辱性或不文明的词语。如“弱智”“屁民”等词，就不能出现在文章中。

第二，要遵守我国的法律法令和民族宗教习俗，不用犯令、犯禁和犯忌词。

第三，尽量不要用绝对的，带有极端评价色彩的词，如“第一”“最佳”“填补空白”“最先进”等词，除非所评价之事已得到同行的公认。

第四，涉及专有名词时，一定要用专业名词或术语，千万不要自行造词。提出新概念和新词的往往是该行业最顶尖的专家，但我们普通人这样做，则是不合适的。

此外，尽量避免、杜绝错别字，还应当按照国务院通过的最新《通用规范汉字表》，规范地使用汉字，避免使用被淘汰的书面字和不规范的简化字。

## 二、句子要精短灵活

如果说字词是高精密机器上的零部件，那么句子则是机器上的某一小部分的零件组合。句子是由字词组成的，但是一旦成为句子，这些字词就产生了1+1>2的效果。也因此，句子的写作更需要高度注意。

有句话叫“大道至简”，就是说最重要最核心的道理，往往以最精简凝练的形式体现出来。国外的专家曾多次指出，中国学生的论文和外国学生的论文一看上去就有着明显的不同，其区别就在于中国学生的论文普遍使用错综繁杂的拗口长句。科研论文是为了准确清楚地说明自己的研究目的、研究内容、研究步骤、研究方法和研究结论的。再加上科研论文专业性的特点，往往其可读性就不如普通文学作品。这时在专用名词频出的论文中若一个句子里主、谓、宾、定、状、补等各种成分都累加其中，层层套嵌，其弊端就很明显：一是使读者要通过语法判断才能厘清句子的本意，这样在无形中就要多花费不必要的精力；二是可能会让读者认为文章内容的深度不够，从而在文字上故弄玄虚。

相传孔子编修的《春秋》，在叙述语言上达到相当的高度，兹举一例：“（僖公）十有六年，春，陨石于宋五，陨星也。”[①]这段话的前几句是记载此事发生的时间，关键在于“陨石于宋五”这一句，书者可谓用心良苦。对于这句话的精妙之处，《春秋公羊传》中有，“曷为先言陨而后言石？陨石记闻，闻其嗔然，视之则石，察之则五”，来解释为什么不先说石陨于地，更不说数量。因为这是按照人们发现陨石的现实顺序而记录的。当时人们最先看到天上掉东西到地上，但掉的是何物，则并不知晓。直至找到掉落之处后，才发现掉的是陨石，这才确定所掉物的性质。而掉了多少颗陨石，这时查看了方确定其数量。寥寥五字，

① 洪吉亮.春秋左传诂[M].北京：中华书局，1987：299.

却暗含了在这一段时间中所发生的相关事件，传达了大量信息，这足可说明作者在下笔时十分严谨，绝不浪费一丝多余的笔墨。鲁迅曾言："写完后至少看两遍，竭力将可有可无的字、句段删去，毫不可惜"，说的也就是这个道理。

### 三、表达要有逻辑

在每一段的写作中，要时刻明白自己这段是要写什么，又该如何与上一段有着密切的关联性。在表明自己的论点时，必须通过严谨、周密、清晰的逻辑，将充分且必要的材料进行组合，然后推导论证，最后能水到渠成地得出自己的观点。论证时，往往是材料在前，论证在后，先给读者一个直观的表层现象，再以此为基础，由点及面，层层论证。读者在阅读的过程中，既会有见材料而产生的直接判断，又可通过看你文中的推导，两相印证，观自己思路之得失。这样，一般来说，一个观点，用一两个例子充分展开说明即可，材料贵在精，但若为了证明此类材料甚多，则可在一句话中接连列出几个例子，例如，"在甲乙丙丁文中亦有相关的材料"，加以补充说明。

## 第四节　撰写摘要和关键词

摘要和关键词放在第四节写，看似与文章结构的位置不同，因为一般而言，摘要都在正文大标题的下方，处在很靠前的位置。在摘要之后为关键词，在关键词之后方是正文。但笔者在这章安排时，是按照文章撰写的逻辑顺序而来。摘要是对文章全部内容的浓缩和概括，它的作用就是让读者在看完摘要就知道全文是在写什么，主要围绕哪些方面在写，做了什么事，得出了什么结论。而这些，不到一篇文章基本成篇，是不可能写得比较完整和完善的。而且，在正文内容的撰写过程中，会经常遇到文章的章节的调整与修改，段落的增加或删减，文字的加工与润色，甚至观点也会在一次次的修改中产生变化。如是最开始就凭着一腔热情，急急忙忙地写下摘要，那等到正文定稿后，摘要必然要面临着一次大刀阔斧的改写。因此，与其匆忙为一个不成熟不完善的正文写摘要，不如等到正文定稿后，再从容细致地为之写摘要，避免了许多弯路，岂不快哉。

摘要在撰写时一定要慎之再慎，正因为它处在文章的标题之下，有些读者为了节约时间，不看正文，只看摘要，通过对摘要的浏览，来决定是否将这篇文章读下去。而若是专家审稿，在时间有限的情况下，也往往对标题、框架、摘要、关键词、文章的开头及最后的参考文献给予高度关注。因此，若摘要不入读者或专家的法眼，那他们可能会下意识地觉得这篇文章的价值和分量不够。那么该如何撰写摘要呢？

### 一、摘要的语言要简洁扼要，表现自己的核心观点

一般情况下，若正文在1万字左右，摘要的长度则多在200～300字。这就对作者的把握重点的概括能力和语言表达能力提出了较高的要求。往往有一些文章的摘要，作者没有将摘要与引言区分清楚，在摘要里面，先是用一半甚至大半的篇幅，介绍本文的研究对

象是什么，再大谈本文研究问题的重要性（然而这些话对于研究这方面的专家来说，多属于无用的冗长之言），然后用几句话说“本文打算从以下几个方面着手：一、从A方面解决某某问题；二、从B方面解决某某问题……”在说从哪些方面解决哪些问题时，都只是一句比较模糊的话，令读者看了摘要，只知道作者想从哪些入手，但是作者具体做了哪些事，取得什么成效，得出什么结论，在摘要里丝毫没有显示出来。这类写法，其实是将引言误当作摘要了，其所写的摘要，并没有起到概括全文核心观点的作用。

兹举《论秦观对李商隐的继承性》一文的摘要为例加以说明，其摘要如下。

> 李商隐是晚唐成就最大的诗人。他的诗追求唯美，诗而词化的特征比较显著，在诗与词之间搭起了一座过渡的桥梁。李商隐的研究一直都在继续，且名家众多，成果丰富。秦观是北宋婉约词派的宗主，李商隐对秦观的影响却少有人研究。本文试从秦观的生平和创作背景入手论述他继承李商隐的条件；从意象的选取和意境的缔构说明秦观对李商隐的继承：通过对秦观前期词作的鉴赏，说明他在意象选取上与李商隐的相似；秦观的晚期词作，通过克制抒情，叠加意象，创造出哀厉凄绝的意境，这也是他与李商隐的相通之处。①

在这篇摘要里，花了三句，用1/3的篇幅来讲研究对象的重要性，尤其是第一句，这属于常识问题，根本不需说明。第二句亦是如此，只需要保留第三句，并以此展开后面的介绍即可。“本文试从秦观的生平和创作背景入手论述他继承李商隐的条件”这句话里，秦观的生平和创作背景是如何有利于他继承李商隐的，这里含糊不清。“从意象的选取和意境的缔构说明秦观对李商隐的继承：通过对秦观前期词作的鉴赏，说明他在意象选取上与李商隐的相似”，在这里，秦观词作意象的选取和意境的缔构是如何继续了李商隐的风格，摘要里仍是没说出来。“秦观的晚期词作，通过克制抒情，叠加意象，创造出哀厉凄绝的意境，这也是他与李商隐的相通之处”又与前面的“从意象的选取和意境的缔构说明秦观对李商隐的继承”相重复。在力求简短精悍的摘要中，出现这样的重复，则语言显得拖沓。

这篇摘要可以开门见山就提出秦观的词作在一定程度上受了李商隐的影响这个核心观点，然后再用一两句介绍秦观的生平和创作背景，点明他向李商隐学习的有利条件。接着再说明他前期词作在意象上有哪些特点，这与李商隐诗的意象有些相似之处。最后再加上“秦观的晚期词作，通过克制抒情，叠加意象，创造出哀厉凄绝的意境，这也是他与李商隐的相通之处”，那么这篇摘要在保持语句简洁的同时，也能令读者对全文大体内容一目了然了。

## 二、摘要的语言要精心润色，不可呆板僵硬

正因为摘要是文章的门面，因此在撰写摘要的内容达到上面一部分所提出的标准后，

① 吴玉婷.论秦观对李商隐的继承性[J].企业家天地（下半月刊），2014（7）：214-215.

就要对摘要进一步修饰，做到字斟句酌，遣词造句精炼妥帖，句子长短得宜，流畅自然。如《唐代早期山东士族的古体诗》的摘要就写得很好。

在高适和岑参之前的时代，山东士族已与古体诗结下不解之缘。初唐山东士族已开始“以古为律”的尝试。五古形式的重大推进与五律定型发生于同一群体，与山东士族关系密切，以情景的交错和视角的跳跃为最大特点，对此后的五古产生了影响。盛唐前期五古在酬赠中初步定型，已产生多个发展方向，对元和以下五古存在影响，王维、王昌龄的五古达到了相当的艺术水平。这一时期山东士族的七古已明显学习鲍照，脱离了齐梁体式，杂言和骚体的进步更为明显，其发展水平落后于五古，但同样在武朝和盛唐前期各有进步，并影响了元和以下的七古。①

这段摘要的开头就开门见山地提出山东士族与古体诗早就有渊源。然后再讲山东士族对古体诗的尝试，古体诗群体与山东士族的关系及他们古体诗的最大特点对后来五古的影响等，每一小句话都紧紧围绕着山东士族与古体诗在各个方面的关系展开。扣题紧密，语言干净利落，在有限的字数里，包含了大量的信息，使读者在看到这篇摘要时，就知道作者做了哪些方面的研究，有哪些结论，以及由此判断这篇文章是否引起自己的兴趣，或对自己有参考价值。有这样的摘要在，看摘要就可以大致了解内容，而不会因为摘要写得含糊不清，令读者不知此文是否有自己所关注之点，而不得不又花时间再去快速阅读文章正文。而这也从一个方面体现了作者的学术积累和文字功底。

此外，若是一篇论文从不同角度来分析其研究对象，尤其是从对比分析的角度展开研究，那么文章的摘要在撰写时，有可能会产生句子结构的重复，从而使摘要呆板生硬。例如第一条说“甲从A方面对乙造成了影响”，第二条又说“甲从B方面对乙造成了影响”“甲从C方面对乙造成了影响”等。这时，可在第一条写后，通过更改句子的结构、改换词语等方法，使摘要的表述方式灵活起来。例如“乙在B方面继承了甲的特点”或“乙在C方面批判性地借鉴了甲的特点”。总之，用尽一切方法，不要使摘要的语言显得生硬呆板，面目可憎，在体现论文的科学性和严谨性的同时，也要适当注意其表述的可读性。

至于关键词，则对于摘要来说更为简单，就是在精心撰写修改的摘要中，挑出里面反复出现的关键性词语，把它们作为论文的核心词单独拎出来。关键词一般在3～5个，包含了研究对象或研究结论等几个核心关键词。如《对影成三人：郭沫若、李白与杜甫的互文写作——重读郭沫若〈李白与杜甫〉》，其内容摘要如下。

郭沫若暮年创作并于1971年10月出版的专著《李白与杜甫》，对其时其境和

① 张一南．唐代早期山东士族的古体诗[J]．南京大学学报（哲学·人文科学·社会科学），2018，55(1)：115-130.

作者本人，乃至对于李白杜甫观的接受史考察，都是一本有意味的书。以该书重读和细读为中心，梳理其间的李白杜甫论、李白杜甫观所呈现的文学思想史、学术史内涵，从文本结构和文脉文意进行理解，可见该书既有郭沫若对李杜两类诗歌、两种人生，与中国式文学评论史与接受史内诸多的“与”和“不与”，更抒发了郭沫若充满张力的自我反思与人世理解、时代认同的暮年情怀。《李白与杜甫》不仅是郭沫若的李白与杜甫观，更是他暮年借花献佛式的自我通观与人世反思、文史洞见的确证。他以这种奇崛而平实的写作方式，不动声色地呈现了李白与杜甫的时代，更在思想、精神与文化情怀上完成了自我，是中国现当代文学史上罕见的人与文、学术与文学、古与今贯注融通的一次互文性的写作奇观。①

从标题和摘要中可以看出，作者都是围绕着郭沫若的《李白与杜甫》这本书而展开论述，而郭沫若对李白和杜甫二人的接受，以及郭沫若在写这本书时所传达出来的思想内涵和情怀，都是通过其写作方式呈现出来的，因而他的写作又带有极强的“互文性”，从而文章作者又得出了郭沫若此书的写作属于“互文性写作”的结论。故作者分别选取了郭沫若、《李白与杜甫》和互文性写作这三个作为全文的核心词。

## 第五节　学术论文的格式规范

在正文内容、摘要和关键词都撰写完毕后，就要对论文的总体格式加以规范了。论文的形式不同于一般的文学作品的形式，后者不仅在内容上崇尚新奇，力求翻新，同时在体式上也多有变化。而学术论文作为应用文的一种，也具备了应用文具有规范格式的特征，并由此体现出严谨的科学性和规范性。学术论文的格式规范主要包括以下方面。

### 一、标题

标题的格式为：宋体、三号、加粗，居中，段前0.5倍行距，段后0.5倍行距，全书1.5倍行距。

### 二、摘要与关键词

“摘要”二字（包括冒号）为宋体、五号、加粗，段前空两格。摘要内容是对正文核心观点的概括，其格式则为宋体、五号、不加粗，行间距为“固定值，20磅”。整段文字内均不留空格。

摘要下为关键词，“关键词”三字宋体、五号、不加粗。每个关键词之间以分号隔开，分号亦为宋体、五号。最后一个关键词末不留标点符号。该行文字之内均不留空格。

---

① 傅修海．对影成三人：郭沫若、李白与杜甫的互文写作：重读郭沫若《李白与杜甫》[J]．文学评论，2019（1）：103.

关键词下留两行空位，再撰写英文摘要。空位的格式为宋体、五号。

英文摘要标题为Times New Roman、三号。英文摘要中，若有书名，则用斜体。英文摘要内容（包括“Abstract”“Key Words”两词和之后的冒号）均为Times New Roman、五号。有时部分标点符号调不成“Times New Roman”而自动显示成宋体，若出现此情况，不要管细节，直接全部选中摘要部分，转换成Times New Roman、五号即可。另外，除了单词与单词之间留空之外，其余部分均莫故意留空。摘要全文行间距亦为“固定值，20磅”。

## 三、引言

“引言”二字居中，用宋体小三号字、加粗。两字之间空两格。段前与段后皆保留0.5倍行距，段内各行之间为1.5倍行距、正文内容（也即整篇论文中除去大小标题的部分）之格式为宋体、五号，行间距为固定值、20磅。

## 四、正文

正文的章标题，在序号与题目内容之间空两格，不要使用顿号或其他符号。标题的行间距为标题前与标题后皆保留0.5倍行距，标题内各行之间为1.5倍行距，格式为宋体、小三、加粗。其副标题则为宋体、四号、加粗，副标题的格式为标题前与标题后皆保留0.5倍行距，标题内各行之间为1.5倍行距。标题全部居中。

下文所有大标题为宋体、小三号，小标题为宋体、四号，行间距均为标题前与标题后皆保留0.5倍行距，标题内各行之间为1.5倍行距，不另说明。另外，若副标题下另有次一级的标题，则以阿拉伯数字为序，如“1.”“2.”“3.”，句点与小标题之间不留空。标题全部居中。

## 五、注释与参考文献

当文中需要说明所引文献的来源时，就需要使用脚注。当某个引用的材料写完之后，在菜单中找到“引用”，再点“插入脚注”，这时在当页的页脚下方自动生成一个序号，在此处则可输入相关的文献来源。这里又分为两类格式，按照引用来源属于书籍还是期刊而定。

若是书籍，其格式为：书籍序号＋作者.＋书名＋[文献英文标识].＋地点：出版社，年份：页码.

如：[1]吴舜立.川端康成文学的自然审美[M].北京：中国社会科学出版社，2011：28.

若是期刊，其格式为：期刊序号＋作者.＋论文名＋[文献英文标识].＋期刊名，年份（期数）：页码.

其中脚注区的序号，其格式为Calibri（正文）、小五号，序号与文字之间不留空。脚注区的文字格式为宋体、小五号。如果在同一页出现多个注释是同一本书，也应该分开注释。出版社要表明所在地和名称。最后是书和期刊的出版年和页码。字体：宋体、小五号。书名后的英文标识也有其专门的分类：普通图书是M，会议录是C，报纸是N，期刊是

J,学位论文是D,报告是R,汇编是G,专利是P。英文标识和出版年月日,均为Times New Roman、小五号。

正文中的脚注序号,以Calibri(正文)、五号呈现。

若所引外国典籍为翻译本,则应指出此为何人所著,何人所译。“著”和“译”以括号呈现。若所引典籍为汉文古籍,亦当尽可能详细地指明谁人所著,是刻本原件还是现代影印本。若是刻本原件,当指明何朝何代所刻,现藏于何机构。若是影印本,当以括号注出“影印”二字(必要时也可指明该影印本所据底本)。若有当代点校本,引用时要详细写明整理者与点校者(该信息在封面或版权页上会有说明)。另外,个别国家如日本,系当今世上仍以汉文年号纪年之国家,其典籍出版时间需要换算成公元纪年。兹略举如下:令和元年(2019),平成元年(1989)……不再说明。总之,脚注上的引用文献,在基本信息(著者、译者、书名、英文标识、出版信息等)不漏的前提下,不妨尽可能详细,不避烦琐,但每条信息务必精炼。

在脚注区,标明国籍的方括号的格式为Times New Roman、小五号,方括号与作者名字之间不留空。作者名字与书名号之间不要留空,不要另加标点。英文标识的格式亦为Times New Roman、小五号,英文标识后面的句点的格式亦为Times New Roman、小五号。地级市后面的冒号、出版社后面的逗号,其格式均为宋体、小五号。出版年、冒号、页码的格式为Times New Roman、小五号。

在参考文献中,序号的格式为Calibri(正文)、五号。序号前空两格,序号后空两格。在参考文献中,出版日期应写明年和月。出版商地点,应为某地级市。出版时间后面的句点,格式为Times New Roman、五号。

出版社后面的逗号,格式为宋体、五号。英文标识后的句点,格式为Times New Roman、五号。

当然,这是大部分论文的格式规范,若是你所在的学校或拟投的期刊对于格式要求有着一些细微的变化,则以对方的要求为准。

综上所述,如果能精心拟定文章的标题,妥善安排文章的框架结构、细心遣词造句,做到摘要准确扼要和格式规范无误这几个方面,在准确无误的基础上做好每一个环节,那么离一篇好的文章也就不远了。

## 思考与练习

1. 请找一篇本专业的学术文章(如刚开始专业学习,对专业所知甚少,则可找一篇社科类的文章或者新闻),在细读全文之后,为其拟一个标题。
2. 请找一篇学术文章,分析其结构,并思考其结构的特点。
3. 请为自己或他人的论文写一份摘要并提炼关键词。
4. 请将自己的课程论文按照规范的格式排版。

# 第七章
# 修改完善

劝你从容地忙着，总不要失掉耐心，还要十遍、二十遍修改你的作品；要不断润色它，润色，再润色才对；有时候可以增添，却常常要割爱删弃。

——[法]尼古拉·布瓦洛

写完后至少看两遍，竭力将可有可无的字、句、段删去，毫不可惜。宁可将可作小说的材料缩成sketch，绝不将sketch材料拉成小说。

——鲁迅

写作的技巧，其实并不是写作的技巧，而是删掉写得不好的地方的技巧。

——[俄]契诃夫

一个作家的本领就在于能把思想情感和语言结合起来，而后很精练地说出来。我们须狠心地删，不厌烦地改！改了再改，毫不留情！对自己宽大便是对读者不负责任。字要改，句要改，连标点都要改。

——老舍

多修改文章，要几遍地修改。修改文章，不是单纯文字技巧问题。这样做，可以增加作品的生活幅度和思想深度，也是形成风格的重要因素。

——孙犁

写作还有一个过程，就是修改过程。修改时，把作品当成不是自己的，从别人的角度上去吹毛求疵，冷静地修改。

——艾芜

## 课前思考

1. 修改是什么？修改只是语言文字的修改吗？
2. 修改包括哪些内容？
3. 修改中如何进行逻辑谬误的修正？
4. 修改中如何进行论据的推敲？
5. 修改语言应该注意什么？

修改是写作的一个重要组成部分。文章的修改实际上就是对文章中的错误进行改正，对文章的缺陷进行补充，对文章的不足进行完善。

古往今来，大凡成功的文章，修改都功不可没。仅以我们熟知的一些中国现当代作家为例，他们无一不在修改上下功夫，甚至将之视为一门必修课。

张洁在写作长篇小说《沉重的翅膀》时，初次出版，曾受到读者的诘难，后来，她用了三年时间，对作品进行了三次重大的修改，其中1/3的篇幅几乎是重写的，有时为了修改一个长句，竟一连写下几个不同的句式，再从中选择一句最满意的，功夫不负有心人，修改后的《沉重的翅膀》在1985年获得了第二届茅盾文学奖。

刘绍棠创作长篇小说《地火》，定稿时50多万字，当时许多出版社争着向他约稿，可是刘绍棠迟迟没有交稿，他说："再删一回，争取更少一点浪费国家的纸张，工人的劳动，读者的时间和金钱。"在此后两次大的修改中，他忍痛割爱，竟然删去了20多万字。

沈从文对自己的文章一改再改，不厌其烦，未寄出之前改，看校样时又要改，等到收到集子时还要改，等集子的校样来了，也还要改，直到书已经出版，自己再翻阅时，不满意的地方也仍然要改……总之，有改的机会就绝不放过。沈从文的学生汪曾祺在《星斗其人，赤子其文》中说，沈从文"爱改自己的文章。他的原稿，一改再改，天头地脚页边，都是修改的字迹，蜘蛛网似的，这里牵出一条，那里牵出一条。作品发表了，改。成书了，改。看到自己的文章，总要改"。

钱钟书创作《围城》内容变动达上千处。老舍写《春华秋实》，人们在其遗稿中找到十部不同的原稿，总字数达50多万字，相当于10部话剧。鲁迅的《藤野先生》修改的地方有160～170处之多。《坟·题记》全文只有1000多字，改动也有百处之多。

"文章是改出来的"，文章不厌其改，修改是文章写作的必经环节。

## 第一节 修正逻辑谬误

写作是一种思维过程，是针对社会问题或情况，进行材料收集，加工信息并进行有序化的构建，达到解决问题和反映情况为目的的一系列活动。逻辑思维是说理性文章写作的核心，毛泽东说："要完全地反映整个的事物，反映事物的本质，反映事物的内部规律性，就必须经过思考作用，将丰富的感觉材料加以去粗取精、去伪存真、由此及彼、由表及里的改造制作功夫，造成概念和理论的系统，就必须从感性认识跃进到理性认识。"①

修改的首要任务是分析文章的逻辑是否合理，有没有错误之处或者不严谨之处，进行逻辑谬误的修改。

## 一、什么是逻辑谬误

### （一）概述

"逻辑谬误是指不依据逻辑的论证，尤其是指论证中不符合逻辑的推论。"②也就是说，逻辑谬误是错误的推理，是从不够充分的论据或者不相干的论据中推导出的结论。在说理性文章中，一些推理和论证看似正确、具有很强的说服力，但却经不起仔细的推敲，当人们经过认真的分析之后会发现其推理和论证形式是错误的。③

例如我国古代著名的"白马非马"的典故。《公孙龙子·白马论》记载："白马非马，可乎？曰：可。曰：何哉？曰：马者，所以命形也；白者所以命色也。命色者非命形也。故曰：白马非马。"这个结论显然是错误的，但是推理并没有不妥啊？其实，在这个论断中，马与白马被看作是不同的事物，马是从"形"方面的判断，白马是从"颜色"方面的判断，两者判断的依据不同，导致了最后"白马非马"的结论。④

还有一个例子也能很好地说明逻辑谬误的重要性。1924年底，原《晨报副刊》编辑孙伏园跳槽至刚创刊的《京报副刊》，为了尽快打开局面，在1925年1月4日的报纸上刊登了"青年爱读书十部"和"青年必读书十部"两大征求广告。学者们对"青年必读书"的反应很值得思考。他们表现得异乎寻常的审慎。在《京报副刊》收到"青年必读书"的78份答卷中，鲁迅、江绍原、俞平伯以各自理由交了"白卷"；徐志摩、朱我农、沈兼士、顾颉刚、邵元仲在回信中都特别强调这个问题"难""太复杂"；朱我农、谭仲逵在初次寄出书单后，觉得不妥又进行订正；林语堂、顾颉刚、李仲广在交出的书单上特别加上"文学""史学""新学"等定语加以限制；此外还有若干征集者都特别在附注中强调自己选择的原则和立场。这些学者的行为除了源于一代学人特有的严谨和持重外，这个征求活动自身的复杂性和歧义性也是导致应征者异常审慎的重要原因。俞平伯给出的理由中清楚地表达了这一点。

> 青年既非一个人，亦非合用一个脾胃的；故可读的，应读的书虽多，却绝未发见任何书是大家必读的。我只得交白卷。若意在探听我的脾胃，我又不敢冒充

① 毛泽东.实践论矛盾论[M].上海：上海人民出版社，1967:31.
② 艾瑞克.反洗脑2[M].北京：北京联合出版公司，2016:215.
③ 明道.实用经典逻辑思维训练2[M].北京：北京华侨出版社，2015:281.
④ 明道.实用经典逻辑思维训练2[M].北京：北京华侨出版社，2015:282.

名流学者,轻易填这张表,以己之爱读为人之必读,我觉得有点“难为情”。①

俞平伯敏锐发现了“青年必读书”这个问题的复杂性,在逻辑上,青年必读书的征求属于“复杂问题谬误”,也就是说,它将一个复杂的问题有倾向性地化作一个简单问题,而后让回答者落入预设的陷阱。“青年必读书”的复杂性在于它包含了前提性问题。首先,有没有人有资格为青年指出必读书?其次,青年有没有必读书?只有在这两个问题获得肯定回答之后,才能提出第三个问题:“青年必读书是什么?”而征求者将这个问题抛给了应征者——如果回答了这个问题,意味着肯定地回答了前两个问题,这是一种逻辑谬误。②

再看网络上流传的一则脑筋急转弯,也暗含着一种逻辑谬误。

“妈妈,我要吃鱼。”艾利森敲桌子。

“哦,那为什么呢?”妈妈问。

“吃鱼有特别的妙处。”艾利森很神秘地说。

“可以说出来让我听听吗?”妈妈好像很好奇。

“吃鱼可以预防近视!”

“是吗?那为什么?”

“嗨,你见过猫戴眼镜吗?”艾利森又得意又不耐烦地说。③

这组对话里也存在着明显的逻辑谬误。吃鱼有好处,可以预防近视,这个依据是因为猫经常吃鱼而猫没有近视推导出来的。这是一种假性因果,因为猫不近视与猫吃鱼没有因果关系,是一种虚假的因果条件。

再举例如下。

如果你偷懒,就会令公司蒙受损失;公司赚不到钱,就要解雇员工;遭解雇的人因为失去收入,就会打劫;如果打劫时遇到对方反抗,就会杀人。所以如果你偷懒,你就是杀人犯。④

这也是一种逻辑谬误,错误在于,之所以得出这个“你就是杀人犯”的结论,是因为从“如果你偷懒”开始每一步的推导都忽视了必要的条件,不合理地使用一连串的因果关系,将“可能性”转化为“必然性”,以达到某种结论。

同样的例子,“丢了一个钉子,坏了一只蹄铁;坏了一只蹄铁,折了一匹战马;折了一匹

---

① 王世家.京报副刊“青年爱读书十部”“青年必读书十部”资料汇编[J].鲁迅研究月刊,2002(10):68.

② 周维东.民国文学:文学史的“空间”转向[M].济南:山东文艺出版社,2015:126.

③ 章亭晖.振振有词[M].北京:长城出版社,1999:11.

④ 泰勒·考恩,亚历克斯·塔巴洛克著.考恩经济学微观分册[M].3版.王弟海,译.上海:格致出版社,2018:185.

战马，伤了一位骑士；伤了一位骑士，输了一场战斗；输了一场战斗，亡了一个国家”。这是一个滑坡谬误，把一系列可能发生但概率很低的事件，像堆骨牌一样堆到一个因果关系的陡峭的斜坡上，轻点一下发动某个事件，致使整个事件系列出现骨牌效应，坠入可怕的深渊。

### （二）分类

逻辑谬误在现实表现中是很复杂的，从不同的角度可以归纳为不同的类别。

（1）按照逻辑符号学的相关原理进行分类，逻辑谬误分为语义谬误、语形谬误和语用谬误。语义谬误包括词语的歧义谬误和语句的歧义谬误等。语形谬误是指符号的运用过程中，产生于符号之间关系方面的谬误，是推理形式的错误而导致的谬误。语用谬误是同语言的使用者和语境密切关联的一种谬误，产生于符号与解释者之间关系的谬误。[①]

（2）按照谬误产生的推理的不同，把谬误分为归纳的谬误和演绎的谬误。人们在观察、实验、调查和统计过程中收集经验材料，在分析、综合、概括、类比和探索事物现象间的因果联系等过程中产生的谬误称之为归纳的谬误。演绎谬误是人们在思维的过程中关于用演绎推理的各种形式和手段时，不遵循相应的规律所导致的种种谬误。[②]

（3）按照是否违背推理形式的逻辑规则来进行的分类，可以分为形式谬误和非形式谬误。这是学术界较为常用的分类方法。[③]形式谬误，是指由于推理形式不正确而产生的错误，主要是指无效的演绎推理或论证方式。比如违背三段论推理规则的无效的三段论推理，违背假言推理规则的无效的假言推理，以及违背了选言推理或联言推理规则的无效的选言推理或联言推理等。形式谬误是演绎上的谬误，在逻辑上推理和论证是无效的，是由于推理形式不正确而产生的错误。典型的形式谬误也可以称为逻辑错误，包括以偏概全、自相矛盾、偷换概念、偷换论题、机械类比、倒置因果、循环定义、概念不当并列、同语反复、循环论证等。

非形式谬误是与形式谬误相对的，泛指一切并非由于推理形式的不正确而产生的各种谬误，亦是一种不正确的推理或论证，但其不正确性并非是因为其具有无效的推理形式，而是因其推理中使用的语言具有歧义性，或其前提（论据）对结论（论题）的不相关性或不充分性。非形式谬误主要有三类：一是歧义性谬误，指运用语言表达思想和交流思想过程中，没有保持所用语言的确定性和明晰性，亦即在确定的语言环境下，没有保持所有词项、命题的确定性而产生的种种谬误。如词语歧义谬误，语句歧义谬误等。二是相关谬误，指前提（论据）包含的信息似与结论（论题）的确立有关，而实际无关的谬误。如诉诸无知、诉诸怜悯、诉诸感情、诉诸权威的谬误，以及人身攻击、因人纳言等。三是论据不足的谬误，指论题缺乏充足理由的支持而不能成立的谬误。如轻率概括的谬误、错误抽样的谬

① 明道.实用经典逻辑思维训练2[M].北京：北京华侨出版社，2015：282.
② 明道.实用经典逻辑思维训练2[M].北京：北京华侨出版社，2015：283.
③ 明道.实用经典逻辑思维训练2[M].北京：北京华侨出版社，2015：283.

误、赌徒谬误,以及以先后为因果、机械类比的谬误等。

逻辑谬误会造成文章思想内容的混乱,导致作家思想观点无法清楚表达。在文章修改过程中,要注意查找这些逻辑谬误进行纠正和修改。

## 二、修正逻辑谬误

### (一)观点是否准确,表述是否合理

每一篇文章都有作者的基本观点,观点如同一面旗帜,观点鲜明,文章才有灵魂。文章观点是在研究内容的基础上的概括和提炼,是作者表达自己的见解。观点要新颖、准确,有独立的看法和主张。在文章修改过程中,一定要明确自己的核心观点是什么?只有首先明确自己观点,才能围绕观点选取材料,才能做到逻辑清晰、准确。

修改文章时判断逻辑是否正确,首先要考量观点是否准确,否则会出现逻辑谬误。观点不正确概括为以下几种。

1. 文不对题

一个论题对应一个论证,一篇文章的论证没有证明论证者所欲证明的观点。在同一个论证中,论题只能是一个。明确核心观点必须要对论文标题进行准确概括,要清晰界定论题中关键词语的含义,避免歧义发生。同时,在此论证过程结束之前,论题不能变更,更换了论证观点,即转移论题。例如,有学生的毕业论文题目是“鲁迅作品的童年孤独意识研究”,但是正文论述的却是童年经历与孤独性格,小说中的孤独人物,凄冷的环境描写,作品孤独衍生的情感,孤独感的价值等。显然整个作品分析的是作品的孤独意识,而不是作者童年的孤独意识。文章标题表述不清楚,应该删“童年”两个字。文章题目与文章内容脱节,文不对题,应该围绕作品的孤独意识的概念展开思考,对其表现、价值、特征等多方面展开分析,使内容与标题相呼应。

2. 题旨范围不当

说理性文章的标题应该如实地反映文章的研究范围和研究程度等,不能夸大其词或者以偏概全,题旨既不能过宽也不能过窄。这在逻辑学中就是定义过宽或过窄的谬误。定义过宽是指定义项的外延大于被定义项的外延。例如,“生产关系就是人与人之间的关系”。定义过窄是指定义项外延小于被定义项的外延。例如,“人是有信仰的动物”。在文章修改中,题旨过宽,标题大于文章论题的范围,由于标题过大过深,作者没有能力在文章中把论题分析清楚。著名语言学家王力说,“论文的范围不宜过大”,“范围大了,你一定讲得不深入,不透彻”。[①]例如,一篇本科学生毕业论文的标题为“试析中国现当代文学的女性主义”,这个题目太大了,不是一篇本科生毕业论文的几千字所能包容的,对于此类题旨过于宽泛的题目,应该细化和具体化,使其能够恰当地表述文章的内容。合适的范围是针对某一位作家的创作,分析其女性主义的特征。

---

① 王力.谈谈写论文[M]//王力全集·龙虫并雕斋文集补编(三).北京:中华书局,2015:1018.

题旨过窄是指标题小于文章的内容，篇名表达的太小，而内容又拓展得太多，超出了篇名的范围，这样也会造成题目与内容不相符合的情况，形成逻辑谬误。

3. 表述不准确

概念是由词或词组来表述的，要做到概念明确，措辞一定要准确，要掌握好修饰限制成分，切忌犯误用、滥用、堆砌等毛病，以免概念模糊，引起歧义或使概念的外延和内涵不准确。

判断是由句子表达的，要做到判断准确，除了合乎语法外，必须注意句子表意的准确性和完整性，以正确、恰如其分地反映事物的性质、规律、条件及相互联系。

推理是由复合句或句群表述的，要推理合乎逻辑，必须注意分句、复句之间的意义联系，以正确揭示事物的内在逻辑联系。

文章的观点表述要清楚，准确概括出本质与内涵。有些表述不清容易造成概念混乱。例如："从本质上说，权力平衡就是权力平等，因此，这一概念本身蕴含平等的观念。"这句话中"权力平衡"与"权力平等"明显是不同的概念。"权力平衡"是指权力的相对均衡，方方面面都顾及；而"权力平等"是指每个人都享有的权力是平等的，有平均的意思。论证者利用二者表面的相似性却忽略了它们之间的本质区别。在概念界定不清的情况下，论证者的论证是欠妥当的。①再比如："他连我都不认识。"一句话可以做多种理解：既可以理解为：他不认识我。也可以理解为：我不认识他。这是一种语句歧义谬误。

论题所说的意思没有得到清楚明了的界定，论题不清，就不可能找到适当的论证并通过正确的论证方式去断定它的真实性。例如：鲁迅的《新秋杂识（二）》初发表时为《秋夜漫谈》，看起来好像可以，但是仔细推敲，还是不确切。"秋夜漫谈"中的漫谈是与秋夜有关的事情，但其实文章中"秋夜"只是一个话题，一个引子，主要是要谈形势，谈国事，秋夜漫谈就和内容不相符合。为此，这个标题的修改就是非常恰当的，修改后的标题表述更准确。

### （二）层次是否清晰，结构是否完整

论证与结构是说理性文章写作中逻辑性比较强的两个方面。结构是论证中呈现出来的文字框架形式，体现一定的逻辑性。结构要注重与论证相适宜的逻辑结构，要使形式服务于内容，外在形式与内在思维形式的统一。严密的逻辑思维全过程是通过观点材料的妥善安排和布局结构体现的。结构上的逻辑谬误会造成文章条理不清，结构混乱，无法达到说理的目的。

调整结构的原则和要求，是要有利于突出中心论点，服务于表达中心论点。

论文要有一个完整的结构，一篇论文要有绪论、本论、结论三大部分，各部分协调一致。文章修改过程中要考虑，文章在内容上是否符合提出问题、分析问题、解决问题的逻辑联系？全文的布局、层次和段落的安排是否有条理？层次的脉络是否分明、顺畅？段落划分是否合适？开头结尾过渡如何照应？全文是否构成一个完整的严密的整体等。行文

① 赵鑫全.经管类专业教学中的批判性思维[M].成都：电子科技大学出版社，2016：32.

中是先结论后理由，还是先理由后结论？各段的分论点是否明确、协调？大论点与小论点之间是否有严密的逻辑性？

文章修改中，要理清思路。可以把中心观点分为诸多的小论点，大、小论点要相互联系，以大、小标题之间的关系来理顺文章的思路和层析。分清楚哪些是纲，哪些是目，目与目之间的排列。尽量避免把两个互不统一的观点放在一个段落里。并且段落与段落之间要能贯穿，这就像城市规划建设一样，先要有个总体布局：住宅区、商业区、政务中心等，布局要很清楚。

文章修改中，还要注意避免结构松散。说理性文章往往是从繁杂散乱的信息中把握事物的本质，把握现象之间和现象内部诸要素之间的联系，将各部分内容组成一个统一的有机整体。如果文章结构松散，就失去了说理的力量。在调整结构时，与主题无关的或关系不大的旁逸斜出的枝蔓，要坚决剪除。删去多余的材料，删去添枝加叶、离题太远或无关紧要的句段，对那些平淡无味的句段，要认真加工润色，删去重复和矛盾的地方，补上缺少的部分，达到全文意思上的连贯通畅，做到刘勰说的"篇章户牖，左右相瞰。辞如川流，溢则泛滥。权衡损益，斟酌浓淡。芟繁剪秽，弛于负担"①。

### （三）论证是否严谨，结论是否科学

文章写作中，论证是具体运用逻辑思维将论点与论据统一起来的思维过程。论证是逻辑性的根本体现。所谓的论证严谨，一是指观点得到明确清晰的阐释。二是观点的因果关系是通过推理演绎得来的，而非多个事例的叠加。具体说明如下。

（1）论证的逻辑性要求我们做到观点要鲜明，概念明确、判断准确、推理合乎逻辑。要严格遵守逻辑的同一律、矛盾律、排中律和充足理由律等逻辑思维的基本规律。清晰地揭示出论据与论点之间的内在联系，要做到环环相扣、由浅入深、层层推进，具有一种折服人心的说理力量，具有严谨的逻辑性和严密的科学性。正如毛泽东在《改造我们的学习》中指出："不凭主观想象，不凭一时的热情，不凭死的书本，而凭客观存在的事实，详细地占有材料，在马克思列宁主义一般原理指导下，从这些材料中引出正确的结论。这种结论，不是甲乙丙丁的现象罗列，也不是夸夸其谈的滥调文章，而是科学的结论。"②

（2）在论证中，还要注意观点与材料的内在一致性。论证中，论据之所以为据，是因为它支撑论点，不能只是简单摆事实，只是材料的堆砌。为了防止论点和论据的脱节，一定要对论据进行必要的分析，把它与论点联结起来。尤其是一些比较熟悉的例子，更要深刻地挖掘其内涵，要进行多角度的分析和运用，正如毛泽东指出："把材料和观点割断，讲材料的时候没有观点，讲观点的时候没有材料，材料和观点互不联系，这是很坏的方法。"③

（3）在论证中，要注意无效的推理。无效的推理的主要表现是论证过程的因果关系的

---

① 刘勰．文心雕龙·熔裁［M］//周振甫．文心雕龙注释．北京：人民文学出版社，1983：356.

② 毛泽东．毛泽东选集：第三卷［M］．2版．北京：人民出版社，1991：801.

③ 中共中央文献研究室．毛泽东文集：第七卷［M］．北京：人民出版社，1999：356.

缺失或者因果之间缺乏必要的逻辑关系。

例如,“张三谋杀了李四,则他是一个恶人;张三没有谋杀李四,所以他不是一个恶人”。这个推理是不成立的,谋杀行为可以说使某人成为恶人,但是一个人之所以成为恶人有许多其他可以成立的条件,作恶的形式也是多种多样的,因此,张三没有谋杀李四并不能确定其不是恶人。这是一种无效的推理。

再如,“如果张三是一个书虫,那么他会经常读书;张三经常读书,所以张三肯定是一个书虫”。这也是无效的推理,张三经常读书可能是因为他是编辑,那是他的工作,并不能说明他一定是热爱读书的书虫。这是在充分条件建言推理中通过肯定后者来肯定前者的形式谬误。

还有“如果今年风调雨顺,粮食就会大丰收。所以,如果不是风调雨顺粮食就不会大丰收”。这也是不成立的。除了风调雨顺这个使粮食丰收的条件外,灌溉、施肥等其他条件也可能使粮食获得大丰收。这是一种不正确逆否式的谬误。“有的风度潇洒的人不会写诗,有的诗人风度潇洒,所以,有的诗人不会写诗。”这个三段论推理是不成立的,违背了三段论推理中中项至少要周延一次,两个特称判断无法推出必然结论的推理规则。

除此之外,在论证中如果类比不当或草率下结论等都会导致论证的无效性。

## 第二节　论据的再三推敲

论据,是指用来说明或证明论点的材料,是立论的根据,是作者用来证明论点的理由和事实。论据使用是否恰当,关系到说理性的强弱。论据的运用就是围绕文章的观点选择论证材料的过程。选择材料就是论据的推敲与运用。

按照材料的性质,论据可以分为理论论据和事实论据。理论论据是人类认识自然、认识社会的结晶,是一种经过实践检验或理论证明,并被人们所广泛接受的规律性的认识的总称。它可以是先哲或经典作家们的言论或观点,可以是被科学证明了的公理或定律,也可以是代表人类文化遗产的格言、成语或谚语、民谣等。

事实论据是所有用来说明或证明论点的具体的事实性材料的总称,具有直接现实性的品格,是证明论点的最有说服力的材料。包括具体事例,历史史实,概括的事实,统计数据,亲身经历、感受等。

朱光潜先生说过,“在作文运思时,最重要而且最艰苦的工作不在搜寻材料,而在有了材料之后,将它们加以选择与安排,这就等于说,给它们一个完整有生命的形式。材料只是生糙的钢铁,选择与安排才显出艺术的锤炼刻画”[①]。

### 一、论据真实、科学

在说理性文章写作中,写作者应以抽象思维为主、形象思维为辅,正确处理好抽象性

---

① 朱光潜.最好的字句在最好的层次[M]//谈读书.北京:中国青年出版社,2015:68.

与形象性思维的结合，在尊重客观事件和占有大量材料的基础上，运用抽象的逻辑思维，经过反复思考，正确分析、归纳概括，提炼文章主旨。论据要为论点服务，论据不在多而贵在精，正如鲁迅说的“选材要严”。

作者所选用的论据应当是从已经占有的大量原始材料中精选出来的，最能够说明论点的，最典型最有说服力的材料。论据要在论点的统帅之下，寓论点于论据的分析之中，使论据和论点恰当地融合。

茅盾在《有意为之：谈如何收集题材》中论述选择论据时说：“尽量采集凡与题目有关的材料，又十二分的严格——几乎吹毛求疵般地选用这些材料。采集之时，贪多务得，要跟奸商一般，只消风闻得何处有门路，有货，便千方百计钻挖，弄到手方肯死心，不管是什么东西，只要是可称为‘货’的，便囤积，不厌其多。选用的时候，可就要像关卡的税吏似的百般挑剔了。”①

论据要真实。引用的理论论据应确凿无误，引用的事实论据应真实可靠。论证时，先问理由或证据可靠吗？要使得其可靠，第一，使用大家认同的、可靠的信息来源。第二，使用现成的人人皆知的公理、例子等。论证的力量来自可靠的证据。每个论证都由两个基本要素组成：一个是“前提”，一个是“结论”，说理性文章的论证要想获得真实的结论，必须保证前提的真实性和关联性。

文章使用的材料必须是客观实际的，不能虚假，不能主观杜撰。使用的材料在任何一个细枝末节上都绝对真实可靠，并且这种现象、局部意义上必须符合客观实际，在本质上、全局上也是符合客观实际的，能代表事物的主流和本质。真实性原则要求写作者在构思时，选取的事例必须绝对真实可靠。“作议论文字，须考引事实，不使差忒，乃可传信。”若将未经核实的、以讹传讹的、道听途说的材料作为论证的依据，就不能揭示研究对象的本来面目。

论据运用中，写作者必须选择那些确凿的、典型的事实，引用经过实践检验的理论材料作为论据时，必须注意所引理论本身的精确含义。我们经常看到这样的表述：“前人研究表明，据有关资料记载，已有研究揭示了……”这种引用他人成果应该标明出处而未标明的做法反映了作者缺乏对他人劳动成果的尊重，不仅给读者的核查和进一步研究带来了许多不便，也使得稿件缺乏说服力、科学性，学术质量大打折扣。

论据要真实，一是必要。即选用说明观点的材料要真实，即所用的材料必须符合实际，准确可靠。二是合适，即材料引用要恰当，不多不少，恰到好处。在修改论文中，要看应用的材料是否确凿有力，是否有出处，是否能相互配合说明论点，是否发挥了论证的力量，是否合乎逻辑，是否具有说服力。要把不足的材料补足，要把空泛的陈旧的平淡的材料加以调换；要把不实的材料和与主题无关的材料坚决删除。

修改材料，分为两步，一是核查校正，即先不考虑观点、结构、语言，只核查材料本身是否真实、可信、准确，包括对文稿的定律、论断、数据、典型材料、引文出处等进行核对，发现

---

① 茅盾.有意为之：谈如何收集题材[M]//茅盾论创作.上海：上海文艺出版社，1980：520.

疑点和前后矛盾的地方，及时进行修改和完善。如果引用了经典作家的名言，要核实原文，失误、失实和有出入的材料要给予删除或改写，保证论文建立在真实可靠的基础上。

## 二、论据的典型性

论据的典型性是指所引材料能够具体地反映事物本质特征，引用的事例应该具有广泛的代表性，代表这一类事物的普遍特点和一般性质。典型的论据能反映客观事物的本质或基本情况，能代表事物的方向和规律，能切合读者的实际情况和解决实际问题的。

当代作家魏巍以《谁是最可爱的人》享誉文坛，他创作这部作品时，深入抗美援朝战场，每天都被志愿军战士的英雄事迹感动。初稿中，他选用了20多个感人事迹，但由于事例太多，读者反而印象不深，为了达到更好的效果，他对初稿进行了反复修改，删去了许多内容，最后只选取了3个典型的事例表现志愿军战士是我们当代“最可爱的人”，收到了很好的效果，成了当代的经典之作。

选取论据时，切忌随意选择那些只能说明个别现象而与论点不具有本质联系的材料。论据是为了证明论点的，两者应该联系紧密一致。要充分考虑到选用的材料与主题的关系：材料往往含有多义性，主题需要它的哪一点，就突出张扬它的哪一点；主题需要的，如果太单薄就使它充分，如果太空泛就使它更实在；主题不需要的，即使再可靠、再生动，也要坚决删除。写作者面对众多可选择的材料时，要善于鉴别，避免交叉和重复，尽可能从不同角度选用材料，以求多维而不多余，丰满而不臃肿。

典型性，表现在论据与论点之间存在必然的、本质的联系。论据选择的典型性，要求选择使用论据必须甄别论据与论点是否有关联，并判断其关联的程度。以优选法优先选择与论点紧密相关的、具有典型意义的论据。

典型性材料是指材料能够揭示事物的本质，具有广泛的代表性。选择精当典型材料可以达到用个别反映一般，用个性反映共性的效果。一些学者在做学问时，常常为了一个好例子上穷碧落下黄泉，不遗余力。陈望道先生写《修辞学发凡》时，在找例子上，下了很大苦功，得到一个好例子，欣喜若狂，找不到中意的例子，则茶饭不香。好材料是写成论文的决定性因素。

## 三、论据的新颖性

论据新鲜，可以向受众提供新信息，增加论点的“附加值”。论据新鲜还可以吸引受众关注和阅读。在论据选择时要选择那些能够论证论点的，并且能够引起广泛关注的、新颖的论据。例如网上有一个说法，说每年高考写作文的时候，屈原就要跳江，勾践就要尝胆，韩信就要受辱，苏轼就要被贬，贝多芬要耳聋，陶渊明要种田。最可怜的是司马迁，无论什么主题、什么语境，只要需要论据，他就要出现。这种说法虽然不乏偏颇之处，但是它也体现了一个事实，那就是写作中人们经常使用一些习以为常的、人所共知的例子，这当然有它的好处，但是，这些素材经过太多人使用，某种意义上就已经成了陈词滥调，缺乏新鲜感，也失去了吸引力和说服力。如果有必要选用一些陈旧的材料，也要努力开掘出新的角度和内涵。

求新,不是把其他人的材料改头换面,而是发掘其他人未曾使用过的具有鲜活气息的材料。新颖不是猎奇,有人专门追求离奇古怪的材料论证自己的观点,以图论证出新,而由于论据不是思想、主题的新,不但没有收到应有的效果,反而把论证引向了歧途。

材料是论文的底气,优质的、典型的、真实可靠的、新颖生动的材料才能为写好论文打下基础。

### 四、论据要详略得当

论据要根据论证需要,把最能证明论点的内容,用最简洁语言,概括进行表述。概括表述可以对松散的论据有所集中,使之更紧凑。论据太疏松,不严谨,影响论证结构,使论证不得要领。人们一般用理论论据时,文字较为简约,运用事实论据时,缺乏语言概括功力,不能用自己语言把材料整合到自己行文中,使论据生硬、冗长、拉杂、拖沓,论证无力。

在运用论据时要把握材料的内在的精神实质。根据论证中心论点和各分论点的要求,对材料进行增加、删除,或进行调换。有些缺少材料,或材料单薄、不足以说明论点的,要增补有代表性、有典型性的新材料,使论据更加充实、有力。对材料杂乱、重复或材料与观点不一致的,要删减,以突出观点,不能以材料多而取胜,应以适度为佳,对于陈旧、一般化的材料要进行调换,换上更合适的材料。

选取材料时有人不忍割爱,有用不进的材料,哪怕牵强附会也要挤入论文中,结果使论证混乱,绕了很大圈子还扯不上正题,影响了论证的质量。论点和材料之间互为适应,也可以相互让步,如果论点不可更改,材料适应论点,不适应观点的材料要果断抛开;如果是自由确定论点,在材料不适应观点时,可以抛开这个观点,根据材料的精神另立论点,这样材料与观点才能统一。

论文在论证时往往运用多个论据,最忌孤证,多个论据才有说服力。论据使用要详略得当,不能平均用力,要处理好详略问题,论据要主次有序和轻重搭配,使论证层次形成详衬略,略补详,主带次,次助主的层次性,使论证深刻、谨严,重点突出。

## 第三节　语言锤炼

语言是思维的反映,是将人的思维用词和句子的形式记载下来的一种工具,马克思说:“思维是不能脱离语言而存在的。”任何思想的表达都离不开语言,一切文章都要靠语言来支撑,语言是构成文章的基石。

“故文之作也,必得之于心而成之于言。得之于心者,明诸内者也;成之于言者,见诸外者也。明诸内者,故可以适其用;见诸外者,故可以张其教。”①

“言所以达意,然而意绝不是完全可以达言的。因为言是固定的,有迹象的;意是瞬息

① 孙复.答张洞书[M]//杨夫秋,何严.历代治学论文书信选.长沙:岳麓书社,1983:178.

万变的，是缥缈无踪的。言是散碎的，意是混整的，言是有限的，意是无限的。”[①]思维与语言不是完全对等的，思维大于语言，即所谓超词思维。

为了使语言文字运用妥帖恰当，必须重视语言的锤炼。捶字坚而意难移。文字锤炼得确切而难于更换，使言与意准确对位。老舍先生在《谈简练》中说：“文字本身没有什么头等二等的分别，全看我们如何调遣它们。我们心里要先有值得说的东西，而后下功夫找到适当的文字，文字便有了力量。”

## 一、用词准确

词汇是语言三要素之一，作为构成词汇的词语是文章的建筑材料，“工欲善其事，必先利其器”。要写出一篇文理通顺、语句流畅的文章，一定要下功夫锤炼文字，用恰当的词语准确地表达所要表现的内容，“辞达理当”。法国作家福楼拜曾说：“我们不论描写什么食物，要表现它，唯有一个名词；要赋予它动作，唯有一个动词；要得到它的性质，唯有一个形容词。我们必须继续不断地苦苦思索，非发现这个唯一的名词、动词与形容词不可；仅仅发现这些名词、动词和形容词相类似的词语是不行的；不能因为思索苦难而去用类似的词语敷衍了事。”

表达清晰而简练，用最少的文字表达丰富的内涵，是一篇高质量说理文章必不可少的条件。为了使文章精练，必须把啰唆、重复的地方，改为精炼、简洁的文字。以鲁迅先生《五猖会》中的一段为例。

原稿：

孩子们所盼望的，过年过节之外，大概要数迎神赛会的时候了。但我的家很偏僻，待到经过时，一定已在下午，仪仗之类，也减而又减，所剩的极寥寥。

修改稿：

孩子们所盼望的，过年过节之外，大概要数迎神赛会的时候了。但我家的所在很偏僻，待到赛会的行列经过时，一定已在下午，仪仗之类，也减而又减，所剩的极其寥寥。[②]

这里“偏僻”的不是“家”，而是“家所在的地方”。偏僻、热闹等形容词一般只用来修饰街道、场所等属于地域的概念。“家”是指具有特定的亲属关系的一些人，并不一定包含在何地的意思，所以，我的“家很偏僻”改为“我家所在很偏僻”。用词准确、得当。还有，“待到经过时”缺乏主语，表达含糊，为了更精确和明白，修改为“待到赛会的行列经过时”，表

① 朱光潜．无言之美［M］//谈美书简．武汉：长江文艺出版社，2008：56.
② 北京鲁迅博物馆．鲁迅手稿选集续编［M］．北京：文物出版社，1963.

达清晰明了。

杨朔是“中国当代散文三大家”之一，他的《荔枝蜜》也是不断进行修改，在文字方面再三推敲。

原稿：

> 吃鲜荔枝蜜，倒是时候。有人也许没听说这稀罕物儿吧？从化的荔枝树多得象汪洋大海，开花时节，满野嘤嘤嗡嗡，忙得那蜜蜂忘记早晚，有时趁着月色还采花酿蜜。荔枝蜜的特点是成色纯，养分大。住在温泉的人多半喜欢吃这种蜜，滋养精神。热心肠的同志为我也弄到两瓶。一开瓶子塞儿，就是那么一股甜香；调上半杯一喝，甜香里带着股清气，很有鲜荔枝味儿。喝着这样的好蜜，你会觉得生活都是甜的呢。

修改稿：

> 吃鲜荔枝蜜，倒是时候。有人也许没听说这稀罕物儿吧？从化的荔枝树多得象汪洋大海，开花时节，那蜜蜂满野嘤嘤嗡嗡，忙得忘记早晚，荔枝蜜的特点是成色纯，养分多。住在温泉的人多半喜欢吃这种蜜，滋养身体。热心肠的同志送给我两瓶。一开瓶子塞儿，就是那么一股甜香；调上半杯一喝，甜香里带着股清气，很有鲜荔枝的味儿。喝着这样的好蜜，你会觉得生活都是甜的呢。[①]

“满野嘤嘤嗡嗡”的主语是蜜蜂，为了准确表达，将“那蜜蜂”提到了“满野嘤嘤嗡嗡”的前面，表意更准确。“养分”是物质中所含的能供给有机体营养的成分，一般与多、少搭配，这样修改后，用词更准确。滋养指供给养分；它的对象是有机体，如人的身体，滋养与身体搭配更合理。这样修改，用词准确，符合语法规范，表意清晰。

鲁迅《为了忘却的纪念》中有一首诗：“惯于长夜过春时，挈妇将雏鬓有丝。梦里依稀慈母泪，城头变幻大王旗。忍看朋辈成新鬼，怒向刀丛觅小诗。吟罢低眉无写处，月光如水照缁衣。”诗中首句“惯于长夜过春时”，原来“夜”字后面是“度”字，后来作者觉得不妥，就改成“过”字，显然过字要比度字更切合作者在暗夜中面对漫漫长夜的情景，更生动地表现出作者内心的苦闷的情感，这一字的推敲是经过认真考虑的。后面的“忍看朋辈成新鬼，怒向刀丛觅小诗”两句，在1932年7月1日日记上是这样写的，“眼看朋辈成新鬼，怒向刀边觅小诗”，写《为了忘却的纪念》的时候，“眼看”改成了“忍看”，“刀边”改为“刀丛”，虽然两字之差，但是更恰当地表达了鲁迅当时的忍无可忍的愤怒心情和对敌人迫害朋辈的恶行的刻骨仇恨。

《写于深夜里》中，鲁迅有如下一段话：“然而，成功的帝王是不秘密杀人的，他只秘密

---

① 郑颐寿．文章修改艺术：第一册［M］．福州：福建教育出版社，1983：4.

一件事：和他那些妻妾的调笑。到得就要失败了，才又增加一件秘密：他的财产的数目和安放的处所。"这里的"处所"，在原稿上是"地方"。这里的修改，是因为"地方"一词是泛指，可以指大范围，如江苏、浙江、绍兴等；也可以是小范围。但"处所"，就是指一个具体的不大的空间：如一间房屋、一个橱箱、某个角落等。财产的安放在某个处所，更合适。

## 二、表达清楚

对所写的事或理，应清晰明白而确定无疑，摒弃模棱两可、含蓄晦涩、似是而非和易生歧义的语言，尽量做到明白晓畅，通俗易懂。体现在说理性文章中，就是表达要清楚，不能含混。俗话说，差以毫厘，失之千里。写作中既要求所举实例要真实，事例中涉及的人名、地名、时间、数字、引语、事情经过都必须完全符合生活的事实。要做到明确，议论也要准确。要准确真实反映文章的内涵。表达要清晰，概念要准确，避免使用容易使人产生歧义的词语，把拗口的改为流畅，把刻板的改为生动，把晦涩的改为明快，把含混、笼统的改为清晰、具体。

例如下面为鲁迅先生《二十四孝》原文与改文的对比。

原稿：

> 我能在大众之前，冠冕堂皇地阅看的，是《文昌帝君阴骘文图说》和《玉历钞传》，都画着冥冥之中赏善罚恶的故事，雷公电母站在云中，牛头马面布满地下，不但"跳到半天空"是触犯天条的，便是半语不合，一念偶差，也都得受相当的报应。

修改稿：

> 我能在大众面前，冠冕堂皇地阅看的，是《文昌帝君阴骘文图说》和《玉历钞传》，都画着冥冥之中赏善罚恶的故事，雷公电母站在云中，牛头马面布满地下，不但"跳到半天空"是触犯天条的，即使半语不合，一念偶差，也都得受相当的报应。①

原稿与修改稿比照，发现修改之处为"之前"改为"面前"。因为"之前"具有时间性，而"面前"具有空间性。在这里显然强调的是在"大众面前看"，强调"冠冕堂皇地阅看"的原因。"便是"改为"即使"，词语的替换，进行了一种假设，语气缓和，但说理性更强。

写文章，观点必须明确，主张什么，反对什么，该做什么，不该做什么，要具体、清晰，让人能领会精神，得其要领，不能模棱两可，使人产生歧义。任何含蓄委婉、颠倒顺序的做法都会影响意思的表达和理解。

---

① 朱正．鲁迅手稿管窥［M］．长沙：湖南人民出版社，1981：11.

鲁迅《死》这篇杂文里，有这样一句：“大约我们的生死久已被人们随意处置，认为无足轻重，所以自己也看得随随便便，不像欧洲人那样的认真了。”查看鲁迅的手稿，这一句原来写的却是“大约我们看待生死都有些随随便便，不像欧洲人的认真了”。只不过是一句平常的说明，一经修改，却变为对当时国民党统治下的“杀人如草不闻声”的白色恐怖的有力揭露和控诉，思想性和战斗性都增强了许多。

鲁迅在《孩儿塔》的序言中说：“这‘孩儿塔’的出世并非要和诗家争一日之长，是有别一种意义在。”修改为：“这‘孩儿塔’的出世并非要和现在一般的诗人争一日之长，是有别一种意义在。”这里，“诗家”指的范围较大，容易使人以为泛指古今中外的诗人，改为现在一般的诗人，范围小，含义明确，具体。时间是现在，一般的诗人是指当时在文坛上舞文弄墨的很不“一般”的形形色色的诗人。有字前加一个“是”字，强调白莽诗歌的“别一种意义”。只改动了几个字，既揭示出白莽诗歌的精神实质，内容更明确，笔锋更尖锐，感情更鲜明。

## 三、简洁、科学

说理性文章运用的语言传达的是对客观事物准确的认识和片段，运用的是抽象化、概念化、规范化的语言符号，是科学的语言，必须遵循语法规则和逻辑要求。语言简洁就是简明扼要，辞约义丰。“惟陈言之务去”，动笔之前，善于思索，抓住文章的主题；动笔之时，要善于组织、取舍材料。做到提出问题，切中要害；分析情况，精辟透彻；解决矛盾，一针见血。避免语言文字过长，拖泥带水，影响办事效率。以鲁迅先生《〈中国新文学大系〉小说二集序》为例。

原稿：

> 到第二年，胡适的《文学改良刍议》发表了，也只有胡适的诗文和小说是白话。后来白话作者多了起来，但又因为《新青年》是一个议论的刊物，比较旺盛的只有白话诗；至于戏曲和小说，也依然大抵是翻译。

修改稿：

> 到第二年，胡适的《文学改良刍议》发表了，作品也只有胡适的诗文和小说是白话。后来白话作者逐渐多了起来，但又因为《新青年》其实是一个议论的刊物，所以创作并不怎样著重，比较旺盛的只有白话诗；至于戏曲和小说，也依然大抵是翻译。①

加“作品”限定了文学创作的范围之内。加“逐渐”修饰“多起来”揭示了《新青年》的发

① 鲁迅.鲁迅全集：第六卷[M].北京：人民文学出版社，2005：246.

展过程和趋势。加“所以创作并不怎样著重”于上一分句的“但又因为……”构成因果关系的复句，使下面句子的表述更有所依据。

语言要注意内在逻辑性。说理性文章，写作主体运用的概念、判断、抽象的表述，都要来自科学的实践，来自主体的思考，来自对感性材料的理性判断，获得规律性的认识。要围绕核心观点，把握内在的联系，形成概念、判断、推理，达到对客观世界的理性把握和事物内在规律的理解。行文中，要正确使用概念，恰当进行判断、推理；要善于运用分析、综合、归纳、演绎等主要的逻辑方法，遵守逻辑规律。写作者不仅要有丰富的知识、语言积累和严谨的思维习惯，而且要有较高的理论修养。正如宋代严羽《沧浪诗话》中有云：“意贵透彻，不可隔靴搔痒；语贵洒脱，不可拖泥带水。”清代戏曲理论家李渔《闲情偶寄》云：“意则期多，字惟求少。”

修改文章，要注意句子之间的逻辑联系，力求上下贯通，语气一致，通顺流畅。

鲁迅在《为了忘却的纪念》结尾部分：“不是年轻的为年老的写纪念，而在这三十年中，却使我目睹许多青年的血，层层淤积起来，将我埋得不能呼吸……”从鲁迅手稿上，我们看到，最先用“闷”，圈掉了，后又改为“淹”也涂掉了，最后用的是“埋”字。用“闷”难以准确表现作者所承受的心灵重负，而且与主语“血”不搭配；用“淹”仍显分量不够，更何况与层层淤积也有抵牾之处，最后“埋”即与层层淤积相照应，也为后面“从泥土中挖一个小孔，自己延口残喘”呼应。一个“埋”字，不仅解决了词语搭配，语义相连问题，更表现了作者所承受的精神压迫，暗示了作者为民族的自由解放而牺牲的先进青年之多，批判反动当局杀戮革命文人的罪恶，表达对烈士的怀念之情。“埋”字最切合题旨情境，含而不露，耐人寻味。

1926年，鲁迅出版了杂文集《坟》，写了一个《题记》，其中写到《坟》的出版缘由时，初稿上是这样写的，“其次，是因为有人厌恶我的文章”。后来改为“其次，自然因为还有人要看，但尤其是因为又有人厌恶我的文章”。初稿只讲到有人厌恶，这仅仅是一种情况，一部分人的态度，是不全面的。修改稿加上了“有人要看”，这样把两种情况、两部分人都说到了，更全面。加上了“尤其是”三个字，强调了有人厌恶，突出了重点。

## 四、生动、形象

说理性文章的思维方式具有抽象性，是以抽象思维为主，但是也不完全排除形象思维。在文章写作中用生动形象的语言可以使行文更加生动、活泼。例如毛泽东在《湖南农民运动考察报告》中说：“这个攻击的形势，简直是急风暴雨，顺之者存，违之者灭。其结果，把几千年封建地主的特权，打得个落花流水。”[①]这里用了“急风暴雨”来形容对地主阶级攻击的猛烈，用“落花流水”展现出对封建地主攻击的结果，运用形象思维方式，运用形象生动的语言达到说理的目的。

鲁迅在《化名新法》一文中，讽刺“杜衡即苏汶”等人对自己或同伙的作品，不论青红皂白，一味地自吹自擂。鲁迅说，他们有一个作为衡量作品标准的“橡皮圈子”，这个圈子，

① 毛泽东.毛泽东选集：第一卷[M].北京：人民出版社，1991：14.

“能大能小，能方能圆，只要是这一家书店出版的书籍，这边一套，‘行’，那边一套，也‘行’”。这里的“能方能圆”四个字就是在修改时添上去的，不仅在形式上，与“能大能小”相对称，同时也加强了形象感：“橡皮圈”一套，一会方，一会圆，得心应手。讽刺了苏汶等人的变化无常，生动而形象。

锤炼语言要在现实生活中留心积累。现实生活是文章的源泉，更是生动语言的源泉。毛泽东说：“人民的语汇是很丰富的，生动活泼的，表现实际生活的。我们很多人没有学好语言，所以我们在写文章做演说时没有几句生动活泼切实有力的话，只有死板板的几条筋，像瘪三一样，瘦得难看，不像一个健康的人。”[①]

说理性文章中也可以适当运用成语、古语词。古语词“古”的格调色彩可以给文章增添一种古香古色的韵味，使文章精练简约、典雅庄重，增强文章的可读性。同时，古语词的恰当运用，使说理文章的语言精练化，达到“以一抵百”的效果。鲁迅曾说：“我做完之后，总要看两遍，自己觉得拗口的，就增删几个字，一定要它读得顺口；没有相宜的白话，宁可引古语，希望总有人会懂，只有自己懂得或连自己也不懂的生造出来的字句，是不大用的。”[②]

古语词的运用，不仅追求语言凝练、简洁的效果，而且使文章的语言表达丰富多彩。

为了增强表达效果，说理性的文章也要适当运用一些修辞技巧，比如排比、比喻等修辞的运用。例如鲁迅在文章《“京派”和“海派”》中写：“北京是明清的帝都，上海乃各国之租界，帝都多官，租界多商，所以文人之在京者近官，没海者近商，近官者在使官得名，近商者在使商获利，而自己亦赖以糊口。要而言之，不过‘京派’是官的帮闲，‘海派’则是商的帮忙而已。”[③]这里全是对偶句，吸收了古典诗词中的音律和对仗的语言技巧，使语言具有音律美，排列格式美。

## 五、规范、严谨

语言要规范，要对语句的语法进行修订。对结构残缺、结构混乱、搭配不当等不合语法的句子，要注意改正，使之合乎语言规范。杜甫说：“为人性僻耽佳句，语不惊人死不休。”唐代作家皮日休说：“百锻为字，千炼成句。”字句要好，就必须反复锤炼、反复琢磨修改。

尽可能运用准确、生动、简洁的语言，对生造词语、词类误用、词义混乱等用词不当，词不达意的毛病，要坚决改掉，坚决消灭错别字和不规范的简化字、自造词。鲁迅说他自己写文章“不生造除自己之外，谁也不懂的形容词之类”，“只有自己懂得或连自己也不懂的生造出来的字句，是不大用的”。

语言的规范还体现在标点符号的规范使用。标点符号是文章的构成要素之一，是文

---

① 毛泽东．毛泽东选集：第三卷[M]．北京：人民出版社，1991：837.

② 鲁迅．鲁迅全集：第四卷[M]．北京：人民文学出版社，2005：526.

③ 鲁迅．鲁迅全集：第六卷[M]．北京：人民文学出版社，2005：312.

章的有机组成部分，用得恰当，能够准确地表达内容；反之，就会影响内容的表达，甚至产生歧义。检查标点符号，主要是看标点符号的用法是否准确，及时调整点错位置的标点符号，修改时要按照约定俗成的用法，严格按照规定的格式进行书写。在修改中，对论文中的图标、符号、公式要检查，要合乎规范，对比较复杂的，容易出错的，更要仔细校正。

对语言的锤炼加工，目的是为了更好地表情达意，所以锤炼不能脱离内容的需要，不能孤立地雕琢文辞，追求华丽。

以鲁迅的杂文《什么是讽刺》为例。

原稿：

> “讽刺”的生命是真实，所以它不是“捏造”，也不是“诬蔑”；既不是“揭发阴私，又不是专记骇人听闻的所谓“奇闻”或“怪现状”。

修改稿：

> 讽刺的生命是真实，不必是曾有的实事，但必须是会有的实情。所以它不是“捏造”，也不是“诬蔑”；既不是“揭发阴私”，又不是专记骇人听闻的所谓“奇闻”或“怪现状”。①

修改稿增加了两句，辩证阐明讽刺的真实性：从讽刺真实地反映客观事物来说，讽刺不能怪诞离奇地离开现实生活，在现实生活中必须是会有的实情；但从讽刺揭示客观事物的本质来说，必须集中概括、加工提高，使之具有普遍的社会意义，不能自然主义地有闻必录，所以，不必是曾有的实事，论述既精辟，又深入浅出，通俗易懂。

## 第四节　完善形式

文章的形式主要是指文章的外在表现，包括格式规范等。文章格式作为文章形成后的表现，要符合说理性文章的规范要求。仅以学术论文为例，形式规范包括：标题、摘要、关键词、注释和参考文献等，形式在一篇论文中所占比重虽不大，但正是这些不可或缺的细节，这些“形式之美”恰恰能反映出一篇论文的品质，体现出作者的独特风格及写作水平。

### 一、修改标题

标题是以最恰当、最简明的词语反映论文中最重要的特定内容的组合。标题要概括准确。说理性文章的标题一般与文学性文章的标题要有所不同，说理性文章更侧重理性

① 鲁迅.鲁迅全集：第六卷[M].北京：人民文学出版社，2005：340.

色彩，标题拟定时最好采用理性的、精炼的、概括的语言，抓住问题的核心，揭示主要观点。

说理性文章的标题要具有简洁性、专指性、逻辑性。

(1)标题要简洁明了，准确易懂，一语中的，直截了当，要让读者通过浏览标题就明白文章所要研究的领域、方向。为使文题简洁，应该尽量不使用长的句子，能用一个词表达的就不用词组，能用简单词组表达的就不用复杂的词组。标题应该避免使用不常见的词、首字母缩写字、字符、代号和公式等。

(2)标题要具有专指性。专指性是指标题必须与文章内容相符，使读者能够凭标题快速判断是否需要阅读这篇文章，标题不用或者少用与主题无关的修饰词。

(3)标题要有逻辑性。说理性文章的标题要概念清晰，定义准确，对所研究问题的阐述明确、恰当。标题措辞必须严谨、科学，必要时可用一些专业术语。标题的语言不可笼统，必须具体、明晰，不能引起歧义。

## 二、修改摘要

摘要也叫内容提要，是从论文内容中摘录出来的不加注释和评论的简短陈述，是一篇具有独立性和完整性的短文。摘要可将论文的主要内容介绍给读者。在各种文献信息数量庞杂的时代，读者要在最短的时间内判断是否需要阅读全文的主要依据就是文章摘要。同时，摘要也为现代化文献检索数据库的建设和维护提供基本的素材。

(1)摘要应具有独立性。即不阅读报告、论文的全文，就能获得必要的信息。摘要中有数据、有结论，是一篇完整的短文，可以独立使用，可以引用，可以推广。摘要的内容应包含与报告、论文同等量的主要信息。摘要要简要说明研究工作的目的、范围、相关领域的前人工作和知识空白、理论基础和分析、研究设想、研究方法和实验设计、预期结果和意义等。摘要一般在200～300字。

(2)摘要是一项科学性、系统性、逻辑性较强的工作，其过程也有规律可循，在实际写作过程中，要认真推敲词语、句式及其逻辑关系。正确的摘要应该根据文章类型、内容和发表方式及写作目的的不同而选择不同写法。

(3)摘要要写出文章中重要而有新意的主要观点，并给予客观、具体的陈述，应避免用自评性的语句，如“本文从几个方面论述了什么问题”或“本文对什么问题提出了个人的独到见解”等，不要用带主观性或情绪化的评论口吻或脱离具体内容的解释。

## 三、修改关键词

选择适当的关键词，能够提高论文的检索效率、提高成果的被利用率。一篇论文所列关键词之间应有一定的逻辑组合关系，通过这种逻辑组合，提示论文主题内容。

有的关键词用词外延太大，有的甚至将“一句话”当作关键词。还有很多作者选词较为随意，经常把标题里的词或短语列出来几个就权当关键词。有的甚至把非主题概念的动词、形容词、助词等都提取为关键词。一些作者不知道关键词既可以从论文标题中提取，也可以从摘要或正文中选出，这些词应该是对表达论文主题内容信息有实质意义的词或词组。

### 四、修改注释、参考文献

修改注释、参考文献时要注意以下问题。

(1)标注不统一。文章中注释的标注方法不统一,有的标在文末,有的标在文中,有的标在当页页脚。这几种方式虽然都是可以的,但是在同一篇文章中要把标注方式统一起来。参考文献标注不统一,表现在著录项标注不统一或不完整。比如文献类型标志不统一。

(2)项目顺序错误。按照一般规范,文献主要责任者(如作者、主编)应列在参考文献最前面,其他责任者(如辑校者、译者、注者)应置于文献类型标志之后,可常常有文章将之置于主要责任者之后;还有的文章受作者出版年制文献标注法影响,把出版年直接置于主要责任者之后。

(3)标点符号标注混乱。有些作者标注两个以上文献责任者时中间应该用","却用了"、",文后参考文献外国人名的姓和名之间不该加脚点".",普通图书出版者与出版年之间应该用","却用了"."等。

总之,修改是文章写作的重要环节之一,是使思维更严密、语言表达更准确、结构更合理、内容更充实的必不可少的过程。修改文章不仅仅是对语言文字的修改,也是对文章思想内容的不断订正和丰富,正如叶圣陶先生说的,"修改非语言文字之事,实为思想认识之事"。文章修改是一个全面的、系统的、综合的工程,任何文章的写作都要经历精心的、认真的修改,正如清代文论家唐彪引武叔卿的话说的,文章"……须精思细改,如文章草创已定,便从头至尾一一检点。气有不顺处,须疏之使顺;机有不圆处,须炼之使圆;血脉有不贯处,须融之使贯;音节有不叶处,须调之使叶。如此仔细推敲,自然疵病稀少。倘一时潦草,便而苟安,微疵不去,终为美玉之玷矣"①。修改与完善是文章写作的重要步骤,是写好文章的关键。

## 思考与练习

1. 文章的修改是指对语言的修改吗？为什么？请说出理由。
2. 如何修改文章的标题,修改标题应该注意什么？
3. 如何推敲论据,请结合你自身的写作实际来说明。
4. 试分析说理性文章中的逻辑谬误包括哪些？如何修正逻辑谬误？

---

① 唐彪.读书作文谱:卷五[M]//南京大学,南京师范学院,杭州大学,山东师范学院.古人论写作.长春:吉林人民出版社,1981:76.

第八章

# 文章的评价

锲而舍之,朽木不折;锲而不舍,金石可镂。

——(周)荀子

人只有靠教育才能成人,人完全是教育的结果。

——[德]康德

能探风雅无穷意,始是乾坤绝妙词。

——(明)方孝孺

三人行,必有我师焉。

——(周)孔子

我们是要在行动中追求真知识。行动遇着困难便不能不思想,思想贯通便取得真知识。

运用真知识以行动,便走上了创造之路。

——陶行知

从做中学。

——[美]杜威

## 课前思考

1. 文章评价的重要性是什么？
2. 文章评价有哪些分类？
3. 文章评价包括几个部分？
4. 请您谈谈对文章评价标准的认识？
5. 请您谈谈对同伴评价的认识？

写作评价是教师依据写作教学目的和内容而制定的作文评价标准，它涵盖了思想观点、思维逻辑、表达技巧三个维度，包括了批判性阅读与思考，作文的主题与框架、表述与论证、引用与排版等写作教学的全部环节，具有导向功能、沟通功能和教学功能。因此，科学规范的写作评价管理、详细准确的反馈，可以帮助学生明确认知，掌握写作技巧，提高写作水平。

# 第一节 评价的基本概念

## 一、写作评价的定义

评价不仅会对学生的学习目标、学生认知产生直接影响，而且长期评价会让学生形成一种心智模式(mental models)，这种模式包含“认知是什么、学习是什么、如何回应世界中的问题”等。由此可知，评价是教育的重要环节。“评价”(evaluate)在《牛津高阶英汉双解词典》中的英语释义是：“经过仔细的思考，对……的价值、质量、数量等进行评价。”[①]在《现代汉语词典》中，“评价”是“评定价值的高低”[②]。由此可知评价与价值联系密切。

在我国，教育评价是中西结合的产物。中国古代的教育评价活动与“选士制度”密切关联。早在春秋时期，孔子就提出了培养人才的目的和选拔人才的标准。孔子认为学习是“学而优则仕”。在选拔人才中，他反对“任人唯亲”，“提倡任人唯贤”，呼吁以“德和才”为标准从平民中选拔从政的君子。汉朝的太学实行考试制度。考试是选拔评价人才，同时也成为检查学生学习和督促学生学习的管理手段。[③]但是，中国古典教育评价过于重视个人品德和结果、不重视知识和教育的过程。这种观念对我国目前的作文评价体系有

① 霍恩比.牛津高阶英汉双解词典[M].6版.石孝殊，等译.北京:商务印书馆，2004:582.
② 中国社会科学院语言研究所词典编辑室.现代汉语词典[M].7版.北京：商务印书馆，2016：1009.
③ 曲铁华.中国教育史[M].武汉：武汉大学出版社，2011：25.

直接影响。现代教育评价是从20世纪30年代拉尔夫·泰勒的“八年研究”开始的。现代教育评价是根据一定标准，运用科学可行的方法，对教育的要素、过程和效果进行评价的活动。①

写作评价是教育评价理念在写作教学中的运用，因此，写作评价遵循教育评价的原理。日本著名教育学家槁田勖一曾指出：“任何目标指向性的活动、意图、计划性活动都包含着评价机能。当然，这种评价不一定都具有明确的形式。倘若不进行某种评价或不依据评价结果来分析目前活动和将要开展的活动，是很难把握该活动的目的。”②写作评价是对作文的价值判断，主要针对学生在写作中的阅读、立意、构思、框架设计、表达、修改等环节，对批判思维、逻辑思维、表达水平、句法词法等运用程度进行评价，评价结果通过量化用具体的分数或等级来表示。

实践中，作文评价与评分常被混淆。美国爱荷华大学教学中心对此进行了专门的解释。他们认为评分是作文评价的一种形式，主要是教师根据一定的标准对学生的习作提供总结性的反馈，重在价值判断，以分数来体现。而评价是根据一定标准对学生的习作进行的一种形成性评估，重在对学生出现的问题进行点评，以促使学生改正不足，提高写作能力。③

## 二、写作评价的功能

### （一）导向功能

评价内容直接决定了作文成绩。在学生提交作文之后，教师通常会从主题、布局、表述、写作规范等方面评价学生思维与表达的掌握程度，同时也从这几个方面来打分定级。于是，评价标准具有指挥棒的作用。在实践中，评价标准甚至成了教师写作教学和学生学习的唯一的关注点。在高考写作，英语四六级考试写作，雅思、托福写作等写作的备考过程中，学生常常围绕评分标准学习和备考。

### （二）交流功能

写作是为了更广泛、更全面、更深入地交流思想观点。在写作的过程中，作者是以书面的方式与“潜在的读者”进行沟通与交流。古人云，文为心声，学生的作文是其真情的流露和内心真实声音的表达。这些声音往往是学生在日常生活中不愿意对外人所谈及的内容。因此，在进行评价时，教师对学生作文的阅读，是与学生弥足珍贵的深入沟通过程，若运用得当，则能走进学生内心，赢得学生的信任。同时鼓励性评价还可以打开学生的心扉，让他们感受到写作这种沟通方式的独特乐趣，从而提高学生对写作的兴趣。

---

① 候光文.教育评价概论[M].石家庄：河北教育出版社，1999：2.

② 槁田勖一.教育评价[M].李守福，译.长春：吉林教育出版社，1988：52.

③ 参见 https://www.celt.iastate.edu/teaching/assessment-and-evaluation/assessment/。

### (三)教学功能

好作文是修改出来的。写作也是一门技能,需要反复实践才能被掌握。学生撰写作文的过程其实是逐步学习收集资料、批评性阅读、深入思考、凝练主题、设计框架、寻找佐证资料、遵循写作技巧撰写论文的过程。当学生完成一篇习作时,他对每个环节知识技能是否掌握,对自己习作的成功与否并不确定。而这时,教师的准确反馈对学生的自我判断和认知形成至关重要。一个肯定的评价,可以让学生确认自己的做法是正确的,可以在以后的习作中继续使用;而否定评价,也让学生意识到自己在某个环节中的做法是错误的,在以后的习作中就要避免使用。写作教学是科学严密的活动,而写作评价是这个活动的最后一个环节。

## 三、写作评价的分类

写作评价是一个立体而复杂的过程,它涉及了不同的主体、环节和性质。每种评价将展现写作的一个层面。写作评价具体的分类如下。

### (一)按照评价主体可分为教师评价、学生评价、同伴评价

1. 教师评价

教师评价是教师对学生习作进行的全面评价,是形成性评级和总结性评价的综合。教师评价是我国大学写作教学的必要环节和最后环节。通常,教师对学生上交的习作进行阅读,然后定级打分。打分之后,教师将学生成绩输入教学系统,该课程即结束。这是我国高等院校目前最普遍的评价类型。

2. 学生评价

学生评价即学生自己对自己习作进行评价。这也是教师常用的评价方法之一。在这个过程中,教师先下发写作评价标准,学生则根据评价标准,对自己的习作进行评价。

3. 同伴评价

同伴评价也称同伴互评,主要是指学生之间交换习作,根据教师公布的标准,评价对方的习作。学生通过相互评价,可从对方作品中的优点强化知识与技巧,从对方的错误中认清自己需要避免的错误。同时,学生通过同伴评价找出自己与同学之间的差距和一个可参考的目标,以便提高自己的写作水平。

### (二)按照内容可分为评语评价、等级评定

1. 评语评价

它指教师依据评价标准和要求,对学生的习作做出总结性的评价。它是一种重要的评价方式,具有指导性和启示性的功能。但这不是唯一的评价方式,不能单独使用。它应同时与边沿评价相结合。

2. 等级评定

这是教师把学生的写作能力简单地提炼为一个简单符号的过程。这种评价具有选拔性质，能有效区分学生，但对学生写作能力的整体把握效果甚微。

## 四、我国写作评价存在的问题

### （一）对大学生写作能力培养重视不够

美国高校普遍提倡通识教育，他们希望能提高学生的基本素质，以帮助他们在毕业后能应对复杂多变的工作环境。而写作能力是通识教育的重要组成部分。美国大学都设有写作专门机构和专门的教师群体。美国实行小班化教学，一般每班不超过12人。而我国高等院校并未设置专门的大学写作管理机构，且师资匮乏。在教学中，我国实行大班制，一般每班70人，每位老师至少讲授2个班。这严重影响了作文评价的效果。

### （二）作文评价的方式单一

写作评价在西方已经发展成熟，并且形成了完整的体系和详细的规范，但在我国却未能引起各方足够的重视。普林斯顿大学、哈佛大学、耶鲁大学等高校都设有教师教学中心，该中心会给教师提供系统的指导和帮助。而我国高等院校并未有类似机构和规范。教师主要进行评语、定分等结果性评价；写作评价以教师为主导，较少有同伴评价。在实践中，教师常在课堂上对本次习作进行口头评价；更多时候，教师则直接给学生打一个分数，并不给具体的评价。

### （三）作文评价的内容不准确

写作评价是提高学生写作水平的有效方法，写作评价的反馈量越大，学生掌握的速度就越快。但我国大部分师生不重视作文评价，简单认为作文评价就是评分。因此，教师的评价内容简单且用词模糊，例如“结构合理、内容充实、情感丰富”。这些词语过于笼统，从而使学生无法准确判断自己写作技能各个环节的掌握情况，对自己优缺点也无法有一个清晰的认知。这样的书面评语并没有发挥出其应有的价值，不能给学生提供有效的帮助。

# 第二节　教师评价

## 一、教师评价的重要性

美国哈佛大学在其大学写作课程的《教学指导手册》中提到，“教师评价是教师对学生写作最密切最有效的干预，也是教师与学生的观点交流和情感沟通。教师评价不仅反映出教师对学生论文的阅读情况，更能给学生具体指导”①。写作的初衷是为了交流，作品是为了阅读而写的，读者对作品而言是重要的。教师认真阅读学生的作品，是对学生最大的激励。

美国研究批判性思维的专家理查德·保罗和琳达·埃尔认为，“批判性思维是分析与评判思维的艺术，目的是改善思维”。这其中包括提出问题、收集信息、发现解决问题的途径、有效传递思考结果等一系列内容。②

美国高校有细致而规范的规定，教师评价通常包括仔细阅读全文、边沿评价、文末评价、评分定级四个环节。阅读是评价的前提，教师需要通读全文，对学生的习作有初步了解。边沿评价是指在作业的边沿处进行评价，也叫旁注，这种评价需要使用具体字词。文末评价是指在论文末尾撰写评语，这是对学生习作的一种宏观的整体的评价。评分定级是指根据事先的评价和具体写作指标要求，给出具体分值或者定出具体的等级，这是对学生写作能力的准确评价。

好文章是修改出来的，文章的初稿与定稿往往存在很大的差距。裴显生教授曾经说过，“写作课教学的目的是提高学生的写作能力和写作水平，不是光讲理论所能奏效的，关键在于进行写作实践。在写作实践中把学到的理论知识转化为能力”③。在评价中，教师应该抓大放小，一次只提出几个主要问题；否则，学生要关注主题、框架、观点，还要注意语言表述。这不但不能进行认真的修改，相反，还会打击学生的自信心，影响学生的积极性。

## 二、评价的步骤

美国对评价有悠久的研究历史和规范的体系，美国教师在对学生进行评价时都要严格执行这些规范性的要求。高校写作项目中心都参照国家写作项目管理（Writing Program Administration，WPA）中心的要求制定本校的评价细则，而教师则根据这些规范开展工作。我国国内此方面的资料较少，笔者主要参考哈佛大学写作项目（Writing Program）编制的《评价指南》（*A Brief Guide to Responding to Student Writing*）和普林斯顿大学写作项目（Writing Program）中关于写作评价的要求，结合我国实际，进行阐述，分为阅读全文、边沿评价、文末总评、评分定级四个步骤。

### （一）阅读全文（reading the papers）

阅读是评价的基础。

（1）教师在评价之前，应该先通读学生习作全文。同时，在通读时要观察学生的习作是否有明确的论点；题目切口是否适中，论文结构是否完整；整个论证的内部结构是否合理；论据是否充分正确深入；正文以外的资料来源是否可靠；引文是否规范，学生的论文是

---

① Kerry Walk.Teaching with Writing: A Guide for Faculty and Graduate Students Director of the Princeton Writing Program[EB/OL]. [2019-07-07]. http://www.princeton.edu/writing.

② 金衡山．人文教育、批判性思维与课程设置：《西方文明导论》课的实践与启示[J].外语教学理论与实践，2019(1)：23.

③ 裴显生．公文写作概论[M].南京：南京大学出版社，1991：143.

否简明扼要等。

(2)教师在阅读过程中,要先浏览5篇左右的论文。对全班总体情况有个大致了解。每个班级的水平不同,只有对大致情况有了解,才能给予一个中肯的、并且让学生信服的评价。

(3)当教师在评阅具体一篇习作时,要先快速浏览一遍,对学生习作的总体观点、布局、文风等有一个大致的了解。然后,再返回到开头,在文章的边缘空白处,对文章从观点、结构、论据、论证、引文、语言阐述等方面进行具体的评价。

**(二)边沿评价(marginal comments)**

1. 概述

边沿评价是教师在学生习作空白边沿处进行的评论。这是教师与学生进行的单独的、深入的、具体的、学术的、一对一的交流。

在进行边注时,教师可以画出具体字词句,并且在最近的边缘空白处进行具体地说明。教师可以指出错误、提出疑问、修改建议、也可提出新的问题、表扬学生。这样学生可以明确了解自己错误的具体地方和原因。这样,一方面,教师评价给学生提出了具体修改的建议,帮助学生掌握写作的具体知识点;另一方,也给文末的总体评价提供了举例的依据。这有效克服了学生对文章评分的质疑。更重要的是,当学生看到了教师对自己作品细致入微的点评,甚至对自己的病句和错别字的修改时,一定会感觉到自己被老师尊重。而教师的认真态度会传递给学生,引导他认真对待自己的作品。

普林斯顿大学克里·沃克教授指出:"你应该抓住论文的主要问题进行评论,你应让学生关注到文中几个重要的问题上,而不是面面俱到。"[①]毕竟,论文的表述水平,还需要多年的积累和写作训练。同时,教师也应该注意,在写边注时,主要是对文章优缺点进行点评,而不是纠正他们的观点。因为观点的正确与否,应在动笔之前就沟通明确了的。

2. 边沿评价的原则

(1)积极原则

教师要积极地鼓励学生,对学生的作品给予积极肯定的评价。例如,"本次作业完成得很好"和"本次作业完成质量很高"等。评语对学生来说意义重大,教师首先要对习作进行积极性的评价。

(2)重点原则

教师应将注意力优先集中到优秀论文所必要的几个因素上,首先对重要内容评价。对重要的内容进行评价但不能一次性指出太多问题,否则学生将难以消化所有不足。

(3)清晰原则

边沿评价不能使用模糊词汇评论,让学生难以理解。例如,"你的论点模糊""证据不足""需更深入分析"等。其中"模糊""不足""深入"属于模糊词。学生将难以明白为什么

① Kerry Walk. Outcomes Statement for the Writing Seminars [EB/OL]. [2019-10-07].https://writing.princeton.edu.

模糊,“证据不足”又是什么意思。所以教师评论越具体,对学生改正就越有帮助。

(4)术语原则

教师在评价时,应尽可能地使用课堂上讲过的术语,这让学生可以把课堂上的内容与写作实践联系起来,也能理解写作规则和术语是如何在文章中落实的;同时,也可以把学生的日常思维引导到学术思考的语境中,把日常评价习惯引导在学术框架之内,促使学生学会使用这些术语。

### (三)文末总评(final comment)

文末总评是教师对学生习作的总体评价。这也是教师与学生交流的机会,因此教师要对作品进行充分而完整的评价,让学生从中学会文章应该如何修改。因此评论的内容应该从总体上建设性地陈述论文的优点和缺点。

文末总评有以下注意事项。

1. 以问候语开始

一个亲切的问候可直接拉近与学生的距离。与学生产生一种平等的、亲密的关系,营造一种温馨的氛围,这样有利于与学生的交流与沟通。

2. 指出优点

每个人都希望被肯定、被表扬。同时,学生也需要知道自己的尝试中,哪些是正确的,以后可以继续运用。首先应从积极评价开始。例如“这篇文章写得很好”“这次明显有了进步”等语言,这个开头对学生心理非常重要,是对他辛苦做作业付出的劳动的肯定。

3. 指出不足

在指出不足时,教师要首先关注主要问题,选择两三个最重要的问题,并且根据重要性降序排列,把最重要的问题放在最前面。其次,提出建设性评价。教师在评价时,还要提出具有建设性的解决方案,让学生明白如何处理这些问题。最后,要根据学生的接受程度,选择学生目前的能力范围内可解决的问题,否则,超出学生能力范围之外的建议将沦为空谈。

4. 宏观的语言

教师在进行文末点评时,最好使用宏观而抽象的语言。比如“文笔流畅、思路清晰、重点突出、结构合理”,也可以做否定性的评价,例如“缺乏根本的论据、观点不够明确,二手资料太多”等。但是,宏观评论的抽象语言要与边沿评价的具体语言内容统一。让学生既可以从文末点评中提高写作能力,掌握原理,又能从文中找到具体的不足之处,从而让学生能更深刻地理解知识点。

### (四)评分定级(grading the paper)

评分定级是教学中最具挑战性的工作之一。如何科学有效地打分,并让学生信服是值得思考的问题。写作与数学不同,数学试卷的成绩常常是确定的,无可厚非的;但是写作成绩常会让学生难以信服,认为其中含有诸多不确定成分。

1. 评分标准

一个清晰透明的评分标准能有效帮助学生清晰地掌握写作的要素和写作重点。评分标准也是教师对学生提出的目标和期望。

(1)在评分之前,应先通读一遍,分析文章与标准的差距。

(2)根据评分标准评估,再从文章中回到开始,用评分标准来描述它。

(3)决定最高分值和最低分值。一篇文章的分值的高低主要取决于其论点是否明确,结构是否合理。一篇论点清晰的论文,通常会得到一个较高的分数;一篇观点模糊且结构混乱的文章,通常会得到一个较低的分数。

(4)精确分数。为了获得精确的成绩,可以参照评分标准,结合学生平时作业的表现,给出学生作业一个公平准确的成绩。

2. 评分定级的注意事项

(1)遵守事先明确的评分标准。标准应在布置作业之前就确定,并且予以公布。这种做法有助于减少分数分配的随意性。

(2)明确作业要求。教师应该在上课或者作业提示、课堂讨论等环节给学生明确地提出作业要求,教师甚至可以将评分细则发给学生。

(3)评分一致。教师应公平地对待所有学生。有些老师在评阅作业时,刻意将学生名字遮住,这样可以避免偏袒和偏见。也有些老师,在定级之后,会再重新检查一下已经评价过的作业,以保证自己评分的公平性。

(4)迟交作业的特别措施。教师应该认识到迟交作业的不良影响,因此应该事先对迟交的作业有一个约定,例如如果作业迟交应该被扣分吗?如果扣分的话,需要扣几分?同时要明确一个截止日期。但这些政策应该事先与学生沟通,并且事先公布。

一般而言,优秀作品都有一些公认特征。当用这些标准来衡量学生的写作时,便可得出一个相对合理且令人信服的成绩。这些特征体现论点、结构、论证、分析、引文、表述等方面。因此,许多教师根据这些内容创建了"评分规则",这些规则通常分为A、B、C、D几个等级,并且这个评分标准应事先告知给学生。

## 三、评价标准

### (一)国外的评价标准

美国对于写作评分标准非常重视。2018年,美国对SAT(Scholastic Assessment Test,学术能力水平考试)写作过程中实际需要的各项具体能力进行梳理和整合,提出了更为完善的阅读技能、分析技能和写作技能要求。最新SAT作文评分标准从写作前、中、后的动态过程出发,以写作过程中涉及的阅读、分析、写作各项具体能力为考核维度,具体分析考生提交的作文。[①]由此可见,为了培养学生阅读信息、发现问题、解决问题的批判性思维能

① 潘涌,李熹.最新SAT作文评分标准的特点及价值启示[J].教育科学研究,2019(6):72.

力，美国的作文评价从写作环节向上延伸到了资料的阅读和分析。为了落实这点，美国高考作文评分标准分为阅读、分析、写作三个考核维度，每个维度的分值在2～8分之间。各维度细分出高级（advanced）、优秀（proficient）、偏颇（partial）、不足（inadequate）四个等级。美国也将批判性思维的考查渗透到了作文的评价标准中。具体要求如表9-1。

**表9-1　美国大学生作文评价体系**

| 项目 | 标准 |
| --- | --- |
| 阅读 | 作文表明作者是否对材料理解，作者对材料的中心思想、重要细节及相互关联是否理解；对材料事实观察是否准确、理解是否正确、解释是否到位，并且是否把材料作为论据 |
| 分析 | 作者是否对材料进行了深入的分析和思考，是否是对材料的深层解读，是否对材料进行了取舍和归纳整理，产生了明确的观点。这些观点是否都源自给定的材料，各个观点之间是否逻辑严密 |
| 写作 | 作文是否体现作者对语言熟练掌握。作文应包括一个明确的中心论点，并围绕着观点进行了有说服力的逻辑严密的论证，并且形成了自己独特的论述风格。作文的句式结构富于变化，对词语进行精确的选择。同时，作文保持客观基调，并严格遵循标准书面用语，没有语法错误 |

### （二）国内评价标准参考

目前我国关于评价标准研究较少，笔者参考了美国哈佛大学、普林斯顿大学的评价标准，结合我国实际，提出了以下评分标准，仅供参考。

1. 记事抒情类文章的评分标准参考

记事抒情类文章的评分标准参考如表9-2所示。

**表9-2　记事抒情类文章的评分标准参考**

| 项目等级 | 评分标准 | | | |
| --- | --- | --- | --- | --- |
| | 内容 | 语言 | 结构 | 书写 |
| A档 | 思想健康，立意深刻，内容充实，中心突出 | 语言通顺，语言准确生动 | 结构严谨，层次清晰 | 字体工整，书写规范，卷面整洁 |
| B档 | 思想健康，内容具体，中心明确 | 表达较好 | 结构完整，层次比较清楚 | 字体工整，书写规范，卷面较为整洁 |
| C档 | 思想健康，内容具体，中心基本明确 | 语言通顺，病句少 | 结构基本完整 | 字迹清楚，有较少错别字，少量涂改 |
| D档 | 思想基本健康，内容不够具体，中心不够明确 | 语言基本通顺，病句不太多 | 结构不够完整 | 字迹潦草，错别字较多 |
| E档 | 思想不健康，内容不具体，中心不明确 | 语言不通顺，病句多 | 结构不完整 | 字迹不易辨认，错别字多，卷面很不整洁 |

2. 议论文评分标准参考

议论文评分标准参考如表9-3所示。

表9-3 议论文评分标准参考

| 项目<br>等级 | 评分标准 | | | | | |
|---|---|---|---|---|---|---|
| | 论题 | 结构 | 证据 | 分析 | 引文 | 风格 |
| A档 | 深刻有趣、有争议，符合题目要求，并且论点贯穿始终 | 逻辑性强、循序渐进、灵活性（考虑反方论据，进行了复杂的综合考虑）、观点之间有明显的联系；整体文章逻辑统一、段落功能明确 | 是精心选择的证据，充分、适当、有说服力；案例可读和可理解 | 分析深入细致；且分析内容多是围绕摘要或关键词进行；对文章的关键词有解释，证据能支持论点 | 参考文献充分、适时、权威。对学界已有观点、关键术语有充分的引用，且引用权威正确 | 清晰、自然但不失老练；适合听众的用语水平；表述流畅，能引起读者的阅读兴趣 |
| B档 | 模糊或无趣，有争议，或表述不清，未能在文章开始就交代论点，且论点没有贯穿始终 | 总体上符合逻辑，但跳跃性较大，缺少有效连接，某些地方令读者困惑；结构过于复杂，逻辑线混乱；或者结构杂乱，部分段落冗长，而另一部分段落又过于短小 | 基本确凿，但不够充分，有引文，但未对引文解释 | 进行了一般性分析，但有时缺乏深刻见解，或仅仅是总结；分析过程不周密 | 大部分引用正确，但只是简单地肯定或者否定，并没有进行深入分析 | 整体清晰，但运用不够成熟；用词不够准确，或缺乏学术用语；存在标点符号、语法、拼写和格式错误 |
| C档 | 论点模糊、描述不清楚；未能将各个段落统摄在主题之下；或者仅在开头进行了提示而没有明确表达或展开 | 思维跳跃、逻辑不严密，段落之间未能形成有效联结，文章结构整体混乱。论证简单未能考虑实际情况中的各种因素，未进行负责性的辩论 | 存在遗漏，或未能很好支撑论点；且在引用时断章取义 | 只有部分内容分析深刻，或者无论证只有总结，无法说服读者 | 引文存在一定的不规范和错误 | 文章整体脉络不够清晰难以阅读，或者过于简单；且出现许多知识性错误 |
| D档 | 缺少论点，仅仅简单地陈述事实，或者纯粹是对事件的描述 | 结构混乱，没有侧重点，论文通常短而松散；段落与段之间缺少衔接。段首缺少主题句，描述混乱 | 证据很少，未进行分析，且断章取义 | 仅仅是总结，缺少分析过程或者分析过程没有说服力 | 引用不正确，或者只是用大量引文代替内容 | 要么过于简单，要么难以阅读；知识性错误较多 |

3. 学术论文类文章的评分标准参考

学术论文类文章的评分标准参考如表9-4所示。

表9-4　学术论文类文章的评分标准参考

| 项目<br>等级 | 选题(10分) | 主题(10分) | 结构(25分) | 学术(20分) | 表述(25分) | 格式(10分) |
|---|---|---|---|---|---|---|
| | 文章的出身 | 文章的灵魂 | 文章的骨骼 | 文章的血脉 | 文章的肌肉 | 文章的外貌 |
| | 研究价值和创新程度 | 核心的观点鲜明突出 | 段外结构、段内结构。开头、主题、结尾、过渡 | 学术理论的使用、引用、阐述 | 书面语言、学术语言、文体正确 | 排版合理、引文规范 |
| A档 | 新颖，学界急需的新角度、新方法 | 有作者明确的观点、简明扼要，且有说服力 | 中心突出、布局合理；段落之间，分工明确、逻辑自洽；开头引言，结尾综述；段内逻辑严谨，句子意思无重复、段落间句子间有过渡 | 整体有学术思想支撑、有理论介绍、分析有理论渗透、有引文 | 使用书面语言、学术语言。语言准确、清晰，简洁，理性 | 字体、字号合适；引文规范 |
| B档 | 选题基本规范 | 有主题，主题太大、太泛，或缺乏新意，陈词滥调 | 布局能基本支撑主题，但结构顺序不当；衔接平淡；段内逻辑混乱，段落前后不一致；段落句子意思重复 | 有学术理论支撑，但对理论没有介绍，分析时无理论、有引文 | 使用书面语言，但未能使用理论术语 | 字号和字形前后不一，部分空间拥挤；引文不规范 |
| C档 | 陈旧、研究泛滥 | 主题不明确，内容空洞、无物，不够具体 | 布局杂乱无序，无明显的内部结构；无导语和有效的结论，衔接混乱 | 无学术理论支撑、无引文 | 日常口语、病句较多，意思不清晰，抒情多 | 字号混乱；引文不规范 |

## 第三节　学生自评与同伴互评

美国著名教育家C.R.罗杰斯(以下简称罗杰斯)指出，“教师只是一个促进者，是帮助学生实现自我的人”。[①]建构主义者也强调对学习过程的控制应该从教师逐渐过渡到学生，让学生成为一种自我控制型学习者。因此，建构主义者强调学生在知识获取过程中的主动性、独特性和社会性，他们认为学习过程和结果的最佳评价者是学习者自己。建构主义者主张评价应该和教学过程融为一体，教学评价应该在活动中进行、在任务中进行、在表现中进行、在协商中进行、在合作中进行。罗杰斯在人本主义理论中提出了“以人为中心”的教育主张，以学生的自由发展、自主发展为中心。所以，评价教育的成功与否就在于学生是否学会了自我表现、自我选择和自我管理。在罗杰斯看来，自我评价是对学生负责的一个重要手段。学生自我评价，不是和别人比较，而是对照自己，找出学习上的不足。人本主义评价理论也强调学生的主体地位，关注学生学习的过程与学习的方法，关注学生

① 曹树真.罗杰斯的师生观[J].外国教育研究，2000(6)：3.

的自我评价。他们一改过去学生被动接受评价的状况，培养学生的自主意识，主张学生积极参与评价，促进学生自身发展。

同时，我国写作的评价应该由上向下发展，由以教师评价向教师、学生、同学评价相结合的综合评价模式发展，为学生提供多方面、多层次、多环节的评价体系和学习机会。

## 一、学生自评

### （一）学生自评的重要性

1. 学生自由教育的重要环节

学生自我评价是学生根据作文的评价标准，对自己的作文进行评价的过程。让学生参与到习作评价过程中，让他们站在评价者的角度思考写作与交流，思考表达的内容与读者的感受，这能促进学生对写作知识体系的全面掌握。同时，也能让学生“知其然”和“知其所以然”。而教师可以有更多的精力关注学生个性发展等其他方面能力的培养。

2. 民主评价的重要方式

把对作文评价的权力交给学生，让学生作为评价的主导者。这样，学生是被评价者也是评价者，让作文评价的过程更加平等、民主、透明。批判性不是盲目地怀疑一切，否定一切，而是指分析、评价、判断的能力和素质。它是一种严密的、全面的、自我反省的素质。包括：(1)分析性，即在思维过程中不断反思，判别，而不是一条道走到黑；(2)策略性，即探讨多种可能的方式及结果，并实施于思维对象之中；(3)全局性，即抬高视界，放眼全局，随时根据事物发展状况调节、修正思维及行动方式而不固执己见；(4)严密性，即思维有条理，逻辑性强，实事求是。①

### （二）自评的内容

学生自评，就是学生自行按照写作评价的标准，结合自己的理解对自己的习作进行批改的作文评价方式。传统写作评价中，学生自评就是学生写完作文后，按照详细的写作要求和评分标准，给自己的作文打出分数、写出评语。其目的是让学生了解写作的评分标准，进而提升学生写作的能力，具体内容如下。

1. 修改提纲法

学生根据自己对题目的理解列出作文提纲，并且在完成写作后要反思写作过程中有没有按照预先列出的提纲进行写作。在自评过程中，也要分析自己对题目的理解和提纲的总体思路，总结自己的分析角度和写作过程中的领悟和问题。通过这种形式学生会接收到来自自身实际写作过程中的反馈，根据这些反馈修改提纲和作文，及时纠正错误的、模糊的、杂乱的主题，理清行文思路。

① 何明.写作教程[M].武汉：武汉大学出版社，2012：10.

2. 总体浏览法

总体浏览法一是要看作文的结构是否完整,二是看作文是否具有真情实感,三是是否围绕中心展开叙述。学术论文经常犯的错误大都是事件叙述不完整、缺乏真实情感和偏离主题。教师可以教学生怎么写作文,却不能在每个学生写作文的时候逐个提点,学生写作能力不是在写作之前就可以培养成功的,而是要经过不断地实践和反思积累的,学生自评的过程就是学生自我积累的过程。

3. 精雕细刻法

主要解决语言文字、词句通顺问题。一是用词要恰当,把错字、别字、用词不当的地方改正过来。二是要句子通顺,要改正病句、不合理的修辞等,并加以润色。三是正确使用标点符号,通过认真细致的逐句修改,使文章变得表达正确,语句通顺,生动形象,并且有亮点。

(1)让学生写出自己选题立意的原因。学生需要对自己的作文进行自评自改。如今大部分的学生对于自己写的习作很少有反复阅读的习惯,常常就是搁下笔就意味着作文的大功告成。

在课堂的写作评价中,教师将写作评价的权利还给了学生,引导学生通过发言等方式对自己的写作思路、创作心理等进行自我评价。学生自身对于命题的理解直接决定着学生会不会写"跑题",这是写作的第一步,同时也是写作自我评价的第一步。

(2)让学生找出自己习作的优点,自己写作过程中的心得或者值得他人借鉴的观点等。这主要是为了培养学生主动发掘习作价值的习惯,让学生大胆地肯定自己的付出和进步。学生想要证明自己习作的价值,不能只依靠教师的肯定,要自己找到自己的特长和文章的闪光点,以便早日形成自己独特的风格。

(3)让学生正视自己习作的不足,提出有效的修改方案。学生在肯定自己的同时,也更应该理性地分析自己习作的不足,提出可行的修改方式;学生在评价完之后,要进行反思,总结本次习作的经验和不足之处,进而切实地掌握写作的技能。这种反思总结对写作水平提高是至关重要的。在实际生活中,许多学生完成作业后,就感觉大功告成,没有反思和总结,等到下次作文还是原地踏步,水很难提高。

### (三)学生自评的注意事项

学生的自我评价是大学写作教学的环节之一,应该在教师的指导下进行。否则,离开教师的引导和启发,学生很难进行有效的自评。

教师要给出明确的自我评价标准,让学生根据评价标准自行批阅。这种传统学生自评的方法,优点是能将评价的权力最大限度地归还给学生,使学生成为作文评价的主人。

## 二、同伴互评

同伴互评是指同伴之间的交互评价。在我国,同伴评价主要指同学评价,是指在课堂上同学之间交换评价对方的作文。在美国,大学写作的同伴评价包括课堂上的同伴评价和写作中心的同伴评价。课堂同伴评价主要是指在课堂讨论时,同伴之间的相互思想碰撞和评价。写作中心同伴评价,主要是学校写作中心的写作同伴的互相评价。美国大学写作轻理论,重实践、重过程。因此,为了让学生在课后写作过程中得到指导,学校成立了写作中心(the writing center)。写作中心一般由富有经验的专兼职学生担任写作伙伴(writing center fellows),属于学生互助组织。写作中心实行预约机制,为学生提供免费的一对一的写作指导。这样,在课后,学生在写作过程中遇到问题可以随时解决。

### (一)同伴互评的重要性

1. 西方的写作理论认为,写作是以书面形式进行的人与人之间的交流与沟通

高等院校主要运用专业知识解决社会问题,要学会表达自己的学术观点并在交流中维护自己的观点。因此,大学写作也是模拟人与人之间交流与沟通的过程。因此,写作过程中的同伴评价就至关重要。同伴评价既包括课堂讨论中的互相评价,也包括课后写作中心写作伙伴的评价。

2. 合作学习理论

合作学习理论重视人与人之间的交流,并通过交流达成合作。而同伴评价,就提供了一个良好的交际机会。学生通过在课堂上与其他同学的交流,进行观念的碰撞,让学生感受到分享与交流的乐趣。学生在写作中心与伙伴交流,这也促进学生主动与人交往;在交流的过程中,练习真诚、平等、有效的人际交流方式;当学生的习作在伙伴的建议下获得提升时,学生也能感受到与人合作带来的红利。同时,这种交流也有助于学生参与到学术团体活动中。

3. 同伴互评是教师评价的重要补充

写作是一门技艺,需要通过反复的练习才能掌握。而反复的修改就是写作技能掌握的必要过程。教师的指导通常是课堂的理论分析或者作业评价,但是学生课后写作过程中的指导,即过程性指导处于空白状态。因此,具有写作经验伙伴的评价是至关重要的。在美国,写作伙伴可以帮助学生酝酿主题、修改框架、修订论证等。这是课堂教育有效的辅助措施。

### (二)同伴互评的内容

1. 同伴互评过程

在美国大学,学校成立学生互助机构——写作中心。写作中心聘请具有写作经验的学生,为同学提供免费的一对一的写作指导。因此,同伴互评是一种严肃的写作评价,必须具备一定的格式。首先,作者需要填写固定的表格,提供自己的习作或者需要解答的问题。然后提前将该表格向写作中心提交,而写作中心将派送给相应的写作伙伴。该写作伙伴对该习作或者问题进行思考后,与作者在约定的时间见面。然后双方就习作进行讨论和评价。

2. 同伴互评的范围

写作中心的写作伙伴，可以帮助作者搜集资料、提炼观点，并在主题、结构、论证、表述、格式等方面提出意见和建议；可以为作者修改错字、病句、标点、排版等具体的修改意见；还可以为作者指导搜集信息的途径、相关图标制作及学术规范等。

### （三）注意事项

我国高等院校的大学写作实行大班教育。教师精力有限，难以对每个学生提供过程性的评价。而同伴评价是对教师课堂教育的有效补充。同伴评价需要注意以下事项。

1. 在教师指导下开展

同伴评价是大学写作教育的补充和辅助措施，因此应该是在教师的大学写作体系内进行。同伴指导应该在教师的指导下进行。但这种指导体现在教师对同伴评价过程的设计、对格式的申请书的设计，以及对伙伴的指导方法和要点进行培养和统一规范方面。

2. 专门机构管理

学校应该成立写作中心，并且写作中心要有专人进行管理。这些管理包括：写作中心中写作伙伴的人员招聘、培训和管理；写作中心场地的管理；写作中心各项制度的制订与实施；写作中心与写作教师、学校相关机关的沟通与写作等事务。

## 思考与练习

1. 结合实际，谈谈我国高等院校的大学写作中文章评价现状是什么？有什么问题？如何解决？

2. 一个有效的教师评价应该包括几个步骤？

3. 教师对学生论文需要边沿评价吗？在进行边沿评价时，应注意什么？评分标准应该包括什么项目？请谈谈你的看法。

4. 一直以来，我国写作评价都是以教师为主导的评价模式，请你谈谈这种评价模式的优势和不足。

# 第九章 学术规范和知识产权

以诚感人者，人亦诚而应。

——(宋)程颐

失足，你可能马上复站立；失信，你也许永难挽回。

——[美]本杰明·富兰克林

知识产权和香蕉一样，是有保存期限的。

——[美]比尔·盖茨

专利制度就是给天才之火浇上利益之油。

——[美]亚伯拉罕·林肯

## 课前思考

1. 写作中如何体现学术诚信？
2. 学术不端有哪些表现与危害？
3. 写作需要遵守哪些学术规范？
4. 作品应该具备哪些条件？
5. 著作权有哪些内容？

# 第一节　学术诚信

写作不但能提升人们的逻辑能力、思辨能力，而且能提高人们的诚信意识、责任意识。尽管不同专业的学生从事的写作的内容与形式有所区别，但都必须秉承学术诚信的理念。写作中的学术诚信的教育和训练，会使得学生在人生道路上终身受益。

## 一、学术诚信的内涵

“人无信不立，国无信则衰。”诚实信用为法律的道德原则，是一个具有普遍指导意义和规范功能的社会本位的一般行为准则。诚实信用是大学师生从事科学研究与作品创作之本。因此，学术诚信是“大学精神的根本”，是大学师生必备的基本素质和必须恪守的最基本的道德底线。写作教育与训练是提升大学师生逻辑思维能力、科研创新能力与成果呈现能力的必备路径。在写作中应该始终贯彻学术诚信，纯化学术风气，杜绝学术失信，这也是净化大学学术氛围、提升学术声誉、培养卓越学术人才的重要举措。所谓学术诚信是指“科研工作者要实事求是、不欺骗、不弄虚作假，还要恪守科学价值准则、科学精神及科学活动的行为规范”[①]。因此，学术诚信，通常是指学者在探索自然界与人类社会的规律的学术研究中，把求“真”求“新”，追求真理，与讲道德、守信誉，严格遵守公认的学术规范，尊重他人学术成果有机结合起来。

## 二、学术诚信的意义

### （一）学术诚信是践行社会主义核心价值观的基本要求

“诚信”为社会主义核心价值观的重要内容之一。践行社会主义核心价值观，一个基本要求就是要把社会主义核心价值观融入和体现到自己的日常学习生活中，尤其要把学

① 科学技术部科研诚信建设办公室.科研诚信知识读本[M].北京：科学技术文献出版社，2009:7.

术诚信贯彻到教学科研之中，提高学术站位，提振学术精神，改善学术氛围，培养具有学术抱负的、有人文情怀的栋梁之材。

### (二)学术诚信是营造立德树人氛围的基础

立德树人为教育的根本任务，是培养德智体美全面发展的社会主义建设者和接班人的重要基础。学术诚信作为一种道德观念抑或一种职业道德，是大学立德树人教育的组成部分。大学应该把学术诚信教育纳入日常的教育体系，使之制度化、常态化，方可不断提高大学师生的思想认识水平，增强其学术诚信的责任感和使命感，使其养成敬畏学术、忠诚学术的品格。发挥大学教师的主导性，激发学生的主动性，教师应该率先垂范，引导学生提升学术诚信意识，遵守学术诚信准则。

### (三)学术诚信是改善教风、学风、校风的保障

教学、科研、学科建设、社会服务等学术活动是大学工作的重要内容。考试作弊、论文抄袭、数据造假、搭车署名、代写代发论文、庸俗化学术评价等学术失信现象频频见诸媒体，引起了学术界的震动。这严重贬损学术尊严，败坏学术风尚。因此，回归学术诚信之初心，方能从根源上遏制学术失信，改善教风、学风、校风，并肩负起大学引领社会诚信风尚的使命。

## 三、学术诚信的困境

学术诚信为学术共同体一体遵循的道德准则。然而，令人痛心的是学术不端现象屡屡被媒体披露，仅举两例以窥之。

2018年4月，学术出版巨头施普林格(Springer)发布声明称，107篇已发表于《肿瘤生物学》(*Tumor Biology*)的论文，因涉嫌造假被撤稿。此次事件牵涉524名中国学者，他们来自119家机构，另有4家海外大学、医院[①]。

《中国青年报》等多家报道里某高校社会学教授、博士生导师、教育部“长江学者奖励计划”青年学者计划入选者L至少有15篇论文存在抄袭或一稿多投等学术不端问题，以她为第一或第二作者的中文文献超过120篇，但在过去几年中，其相关学术成果陆续被删除。在那些期刊官网上，对应页码处也已无法查看。一家学术平台上仍能检索到论文条目，但页面已显示“404”(无法查看)[②]。经过调查，该高校认定L的学术不端等违规违纪行为，给予L党内严重警告处分、行政记过处分，取消L研究生导师资格，将其调离教学科研岗位，终止“长江学者奖励计划”青年学者聘任合同。报请上级有关部门撤销其相关人才计划称号和教师资格。

---

① 张保平.南大女教授删论文凸显学术评价与诚信隐忧[EB/OL].[2021-04-03].https://www.sohu.com/a/271879965_114731.

② 王嘉兴.青年长江学者与她“404”的论文[N].中国青年报,2018-10-24(10).

上述事件造成极大的负面影响，引起社会的广泛关注。世界顶级医学杂志《柳叶刀》主编理查德·霍顿指出学术界的痛点为论文作假。理查德·霍顿在回应哈佛大学撤稿事件、清华大学撤稿事件时指出，"论文造假是世界性难题"①。论文作假、抄袭剽窃、一稿多投、代写论文等现象的频发，使学术诚信陷入困境。我们应该充分认识到，违反学术诚信道德的事件，不只是前文提及的几件，也不只是媒体报道的若干件。见诸媒体的学术不端行为只是其冰山一角。因此，大学写作教育的首要任务就是树立学术诚信意识，从根本上净化学术空气，塑造风清气正的学术生态。

## 四、学术诚信的塑造

新加坡南洋理工大学非常重视学校的学术诚信建设，将其视为大学安身立命及社会交往的基石②。其学术诚信建设的理念与实践具有重大借鉴意义。我国学界有识之士也提出了有针对性的学术诚信建设的建议。

### （一）加强学术诚信教育

大学，尤其是有内涵、有担当、有追求的大学，应该注重师生学术诚信教育，把学术诚信教育纳入其教育体系，经常性、针对性地在师生中开展学术诚信教育，学术诚信考评。开设专门的必修课程进行学术诚信教育，营造学术诚信的校园文化，把学术诚信作为课程思政的重要内容。通过持续的、多视角的、多元化的学术诚信教育，潜移默化地提升学术诚信度，提升文学、艺术和科学作品的独创性，创作出优秀作品。

### （二）建立学术诚信记录

国家应该建立学术诚信记录信息系统（平台），并与个人信用系统有效对接，通过互联网、大数据、云计算等技术进行信息管理和监控，针对学术失信行为，实行"失信一次，记录一生"的学术诚信制度，形成强有力的学术诚信威慑力。同时，把学术失信行为记录作为查处学术不端或不当行为，以及个人升学、职务晋升、职称评定及评优等事宜的重要依据。

### （三）完善学术诚信监督

大学师生每年撰写大量的学术论文、实验报告等作品，大学和出版机构均备有查重复率的软件，制定重复率的"红线"。有些师生修改论文只是对被查出来的重复之处，做些文字性的修改，包括同义词、近义词、反义词，以及语序、语法的调整，甚至存在诸多错句、病句，虽然达到了降低重复率的效果，可以满足期刊发表或者毕业的要求，实际上，无任何学术意义与价值。针对上述现象，大学应该建立和完善学术评价机制、监控机制，设置专业机构，配备专职与兼职相结合的人员，制定、完善和实施学术诚信的规章制度，严惩违反学

① 李勤余.论文造假是世界性问题 但不是中国学术界的遮羞布[N].中国青年报，2018-10-30(2).
② 李海芬，童晓敏.新加坡南洋理工大学学术诚信建设研究[J].比较教育研究，2019(6)：44-49.

术诚信之徒，营造良好的学术环境。

**(四)强化学术诚信责任**

在所有学术活动中保持学术诚信是每个学生、教师及所有机构的责任。教师入职、学生入学之际，签订学术诚信承诺书。对于学术违规违法行为，应该严厉查处，追究相应违纪违法责任。

## 第二节　学术规范

学术诚信在大学写作中的具体体现是遵守学术规范。学术诚信为写作之“道”，学术规范为写作之“术”。通过写作产生的作品，应该从思想、内容和形式等方面加强学术规范。学术规范是由学术机构及其主管部门制定的，具有成文性。学术机构的学术规范约束该机构所属的人员，学术机构主管部门的学术规范约束该部门所属的学术机构与人员。如某大学的学术规范约束该大学所属的师生，某教育主管部门的学术规范约束该部门所属的学校与师生等。

### 一、学术规范的界定

在学术活动中，“没有规范，不成学术”。这是模仿古话“没有规矩，不成方圆”而说的。学术规范是学术诚信的具体化，是学者应该遵守的公认的学术道德法律准则。所谓学术规范是指保障学术活动正当有序开展的行为准则与运行机制的总和，包括国家有关政策法规、学术界公认的学术道德及学科专业共同遵守的学术活动方面的规范。学术规范多为有学术能力、学术担当与学术使命大学、科研院所等学术机构的规章制度。学术规范建设与运行体现了一个学术机构的社会引领力和学术竞争力。政府及其教育、科学研究等行政主管部门也制定了关于学术规范的法律、法规、规章等。学术规范也是国家治理能力和治理体系现代化的组成部分。

教育部社会科学委员会2004年6月22日第一次全体会议讨论通过《高等学校哲学社会科学研究学术规范(试行)》(以下简称《学术规范(试行)》)规定：“本规范由广大专家学者广泛讨论、共同参与制订，是高校师生及相关人员在学术活动中自律的准则。”可见，学术规范具有公认性和自律性。《学术规范(试行)》把学术规范分为基本规范、学术引文规范、学术成果规范、学术评价规范和学术批评规范。省级教育主管部门、高等学校纷纷出台学术规范或者对学术不端的查处办法。

写作是科学研究、项目申报、学术论著发表、学术交流、学位论文撰写、答辩及学术评选等学术活动的呈现方式，应该符合学术规范。

## 二、学术规范的体系

### (一)基本规范

1. 指导思想

写作应以马克思列宁主义、毛泽东思想、邓小平理论、“三个代表”重要思想、科学发展观和习近平新时代中国特色社会主义思想为指导,遵循解放思想、实事求是、与时俱进的思想路线,贯彻“百花齐放、百家争鸣”的方针,不断推动学术进步。

2. 基本要求

写作应以推动“五位一体”建设为己任,具有强烈的历史使命感和社会责任感,勇于学术创新,努力创造先进文化,积极弘扬科学精神、人文精神与民族精神。

3. 法律依据

写作应遵守《中华人民共和国著作权法》《中华人民共和国专利法》《中华人民共和国国家通用语言文字法》《中华人民共和国合同法》《中华人民共和国保守国家秘密法》等相关法律、法规。

### (二)学术引文规范

1. 注释规范

写作引文应以原始文献和第一手资料为原则。凡引用他人观点、方案、资料、数据等,无论是否发表,无论是纸质、电子版或者口述的,均应详加注释。引用文献为图书者,须注明版本、出版社、出版时间、页码;为期刊者,须注明篇名、卷次、时间、起止页码。所有引文均须认真核对。凡转引文献,须如实注明转引出处,不能把转引文献当作原始文献来引用。凡只通过中文译文而引用的外文文献,须注明中文译文的出处,不得直接注明引自外文文献。完全没有阅读过的文献不能列入参考文献。引用他人尚未发表的研究思路和结果,必须经过该人同意,并注明被引用人的名字或出处。

2. 引用合理

写作引用他人成果的目的应该是介绍、评论或说明某一问题;所引用的部分不能构成引用人作品的主要部分或者实质部分。对已有学术成果的介绍、评论、引用和注释,应力求全面、客观、公允、准确。不得伪注、伪造、篡改文献和数据等。

### (三)学术成果规范

写作后的成果应该符合下列要求。

(1)不得剽窃他人的作品、学术观点、学术思想;不得请他人代写文章或代他人写文章。

(2)注重学术质量,反对粗制滥造和低水平重复,避免片面追求数量的倾向。

(3)充分尊重和借鉴已有的学术成果,注重调查研究,在全面掌握相关研究资料和学术信息的基础上，精心设计研究方案，讲究科学方法。力求论证缜密，表达准确。

(4)实事求是地表述自己的研究成果，不得贬抑或故意忽略他人成果以抬高或吹嘘自己。

(5)文本应规范使用中国语言文字、标点符号、数字及外国语言文字，力避病句、错别字、标点符号错误、外文拼写错误、笔误或校对错误等。

(6)不得一稿多投，即不得将同一作品或实质内容基本相同的作品投寄多个刊物、出版社发表，也不应重复发表。另有约定再次发表时，应注明出处。

(7)署名应实事求是。署名者应对该项成果承担相应的学术责任、道义责任和法律责任。未参与作品写作及未经他人允许，本人不得以任何理由在他人作品上署自己的名字，或在自己的作品上署他人名字。合作作品应按照在学术成果产生过程中所做贡献大小的原则确定署名的先后，但另有学科署名惯例或作者另有约定的除外。图书出版时，应正确标识作者的创作性质，即准确界定“著”“编著”“主编”“参编”“译”“校”“注”“资料汇编”等不同的创作类型。

(8)凡接受合法资助的研究项目，其最终成果应与资助申请和立项通知相一致；若需修改，应事先与资助方协商，并征得其同意。

(9)发表时，应以适当方式向提供过指导、建议、帮助或资助的个人或机构致谢。

**(四)学术评价规范**

学术评价时应该遵守下列规范。

(1)应坚持客观、公正、公开的原则。

(2)应以学术价值或社会效益为基本标准。对基础研究成果的评价，应以学术积累和学术创新为主要尺度；对应用研究成果的评价，应注重其社会效益或经济效益。

(3)评审意见应措辞严谨、准确，慎用“原创”“首创”“首次”“国内领先”“国际领先”“世界水平”“填补重大空白”“重大突破”等词语。

(4)在参与各种推荐、评审、鉴定、答辩和评奖等活动中，不徇私情，自觉抵制不良风气的影响和干扰。在对他人或自己的成果进行评价、介绍时，不得故意拔高或压低被评价成果的价值。

**(五)学术批评规范**

在进行学术批评时应该遵守下列规范。

(1)应大力倡导学术批评，积极推进不同学术观点之间的自由讨论、相互交流与学术争鸣。

(2)应该以学术为中心，以文本为依据，以理服人。批评者应正当行使学术批评的权利，并承担相应的责任。被批评者有反批评的权利，但不得对批评者压制或报复。

(3)在文学艺术作品的创作及评论中，应尊重他人的名誉权、隐私权及其他权利，不得进行人身攻击。

## 三、学术失范的表现

### (一)学术失范的类型

2016年9月1日起施行的《高等学校预防与处理学术不端行为办法》(中华人民共和国教育部令第40号)第二条之规定,学术不端行为是指高等学校及其教学科研人员、管理人员和学生,在科学研究及相关活动中发生的违反公认的学术准则、违背学术诚信的行为。根据2017年施行的《复旦大学学术规范(试行)》之规定,学术不端行为是指在实施研究、撰写论文、实验报告或申请课题、参加各类评选活动或申报奖项过程中故意实施的造假、篡改、抄袭、剽窃等严重违背学术诚信的不良行为;学术不当行为是指因缺乏严谨治学态度,违反一般学术规范,虽不属于造假、篡改、抄袭、剽窃等学术不端行为,但在学术活动中损害他人合法利益或造成一定不良后果的行为。综上,学术失范可分成两类:学术不端行为和学术不当行为。这两类行为均不得出现在大学写作中。

### (二)学术不端行为

学术不端行为主要表现如下。

1. 抄袭、剽窃、侵吞他人学术成果

(1)不注明出处,故意将已发表或他人未发表的学术成果作为自己的研究成果发表。

(2)以翻译或直接改写的方式,将外文作品作为自己作品的内容予以发表。

(3)将他人的学术观点、思想或成果冒充为自己原创。

(4)故意省略引用他人成果的事实,使人们误将其作品视为原创作品。

(5)故意一稿多投、重复发表,情节严重,造成较大不良社会影响的。

2. 伪造、篡改数据、图片和文献,或捏造事实

(1)虚构、篡改实验数据、图片或结果误导审稿人和读者,或故意舍去部分数据,造成错误结论。

(2)伪造科研数据、资料、文献、注释,或者捏造事实。

(3)篡改他人学术成果,编造虚假研究成果。

(4)参与他人的学术造假活动及对他人揭发、查处学术不端行为进行打击报复等。

3. 擅自署名

未参加研究或创作而在研究成果、学术论文上署名,未经他人许可而不当使用他人署名,虚构合作者共同署名,或者多人共同完成研究而在成果中未注明他人工作、贡献。

4. 代写论文

买卖论文,由他人代写或者为他人代写论文。

5. 其他学术不端的行为

其他根据高等学校或其他有关学术组织、相关科研管理机构制定的规定,属于学术不端的行为。

### (三)学术不当行为

学术不当行为主要表现如下。

1. 不当科研行为

(1)不当使用科研信息,如未经授权,将审阅稿件、项目申请书等文件时获取的信息、他人未公开作品或研究计划等发表、透露给第三方或为己所用。

(2)不如实披露自己所发表的学术科研成果已知的瑕疵、缺陷或副作用。

(3)夸大有关学术成果的意义和作用。

(4)不当使用数据。

2. 不当的同行关系

(1)不当署名,如署名者不当获取与其在学术活动中的实际贡献不相称的荣誉或利益;或者违背所有当事人自愿或事先达成的约定署名;或者故意将对某学术活动和就科学研究工作做出实质性贡献的人不予署名;或者利用自身的职务、地位或其他影响力无理要求作者同意共同署名,以及不论导师是否对论文有贡献,一律将导师列为第一作者或通信作者;或者不管研究生对论文是否有贡献,对内容是否了解,所有论文研究生之间相互署名;或者研究生为了能顺利通过审稿,把与论文无关的知名专家或者领导列为作者等。

(2)采用不正当手段干扰和妨碍他人研究活动。

(3)基于直接、间接或潜在的利益冲突对他人的学术成果做出不客观、不准确、不公正的评价。

(4)学术上不当的师生关系。

3. 非故意而导致的一稿多投和重复发表

同一人将内容完全相同或高度相似的成果发表在两个或多个期刊上,后发表的成果没有引用前面的成果,且没有就重复发表做出说明即可认定为一稿多投。

## 第三节　知识产权

知识产权是自然人、法人或者其他组织基于知识产品依法获得的专有的民事权利,包括著作权、专利权、商标权、集成电路布图设计权、植物新品种权、地理标志等。大学写作产生作品,而基于文学、艺术和科学作品可以依法产生著作权(版权)。基于作品产生著作权的模式有自动取得模式、注册取得模式和加注标记取得模式。大学写作所涉知识产权主要是著作权。因此,大学写作应该遵守著作权法律制度。

### 一、作品的类型与要件

#### (一)作品的类型

通过写作而创作的作品法定类型如下:文字作品、音乐作品、戏剧作品、曲艺作品、舞蹈作品、杂技艺术作品、美术作品、建筑作品、摄影作品、电影作品和以类似摄制电影的方法创作的作品、图形作品、模型作品、计算机软件、民间文学艺术作品等。对于上述作品，因两人以上合作创作产生合作作品，因改编、注释、翻译、整理已有作品产生演绎作品，因汇编已有作品及其片段产生汇编作品，因委托创作产生委托作品也属于该类型。

### (二)作品的要件

作为作品，应该具有独创性或者原创性。这是作品的个性，是作品的首要构成条件。独创性，是作品必须由作者经过独立构思和创作而产生的，并且在作品中能反映出作者的思想、风格、手法、技巧等个性特色。通常，独创性的成就有赖于两方面的因素：一是独立创作，即作品是其作者独立创作完成的。二是创造性，即要求作品体现作者一定的创作高度。独创性是对作品的表达方式而言，而不针对作品的思想、主题。作品中反映的思想、内容可以不必是新的，但其表现形式必须是作者独创的。如在文艺作品中，表现相同思想感情，反映同一创作主题的作品存在许多种。此外，作品还需要具有可感知性与可复制性。

## 二、著作权的体系

基于文学、艺术和科学作品而产生的著作权由著作人身权和著作财产权组成。在写作中尊重著作权既体现了学术诚信，又符合学术规范。

### (一)著作人身权

著作人身权是指作者对其作品所享有的各种与人身相联系而无直接财产内容的权利，包括发表权、署名权、修改权和保护作品完整权。

1. 发表权

发表权是指决定作品是否公之于众的权利。发表权包括决定以何种形式发表和在何时何地发表的权利。公之于众是指著作权人自行或者经著作权人许可将作品向不特定的人公开，但不以公众知晓为构成条件。是否公之于众并不取决于听众或者观众的数量，很多情况下取决于作者的主观意向与提供作品的方式。

2. 署名权

署名权是指表明作者身份，在作品上署名的权利。署名反映了作者和作品之间的内在联系，表明署名人是一件作品的创作者。署名权只能由真正的作者和被视为作者的法人或其他组织享有，作者以外的人无权享有。

3. 修改权

修改权是指修改或授权他人修改作品的权利。修改权是只有作者才行使，他人未经许可不得擅自修改作品。其他人如要对作品内容予以修改，应征得作者的同意。但是，报刊、杂志社对作品做文字性修改、删节，无须征得作者的同意；对内容的修改，则应当经作者许可。

4. 保护作品完整权

保护作品完整权,是指保护作品不受歪曲、篡改的权利。歪曲,是指曲解作品原意,损坏作者观点的行为;篡改,指擅自增补、删节、变更作品的行为。对作品的歪曲、篡改主要表现在:割裂、肢解作品;去掉作者的观点,加进自己的观点;曲解作者原意,断章取义。因此,禁止他人在修改作品时歪曲、篡改作品;禁止他人在演绎作品中歪曲、篡改作品;禁止他人在表演中歪曲篡改作品。

### (二)著作财产权

著作财产权是指著作权人依法通过各种方式利用其作品并获得物质利益的权利。主要包括下列12项。

1. 复制权

复制权,即以印刷、复印、拓印、录音、录像、翻录、翻拍等方式将作品制作一份或者多份的权利。复制权既体现为作者本人对作品的复制,也可表现为许可他人或禁止他人复制其作品。

2. 发行权

发行权,即以出售或者赠予方式向公众提供作品的原件或者复制件的权利。

3. 出租权

出租权,即有偿许可他人临时使用电影作品和以类似摄制电影的方法创作的作品、计算机软件的权利,计算机软件不是出租的主要标的的除外。

4. 展览权

展览权,是指公开陈列美术作品、摄影作品的原件或者复制件的权利。

5. 表演权

表演权,即公开表演作品,以及用各种手段公开播送作品的表演的权利。

6. 放映权

放映权,即通过放映机、幻灯机等技术设备公开再现美术、摄影、电影和以类似摄制电影的方法创作的作品等的权利。

7. 广播权

广播权,即以无线方式公开广播或者传播作品,以有线传播或者转播的方式向公众传播广播的作品,以及通过扩音器或者其他传送符号、声音、图像的类似工具向公众传播广播的作品的权利。

8. 信息网络传播权

信息网络传播权,即以有线或者无线方式向公众提供作品,使公众可以在其个人选定的时间和地点获得作品的权利。

9. 摄制权

摄制权,即以摄制电影或者以类似摄制电影的方法将作品固定在载体上的权利。

10. 改编权

改编权，即改变作品，创作出具有独创性的新作品的权利。

11. 翻译权

翻译权，即将作品从一种语言文字转换成另一种语言文字的权利。

12. 汇编权

汇编权，即将作品或者作品的片段通过选择或者编排，汇集成新作品的权利。

## 三、著作权的限制

### （一）著作权的限制

著作权合理使用是指在特定条件下，非著作权人依照法律规定，不经著作权人许可，也不向著作权人支付报酬而使用著作权人的作品的制度。合理使用必须具备下列要件：第一，使用的作品已经发表，未发表的作品不属于合理使用的范围；第二，使用的目的仅限于为个人学习、研究或欣赏，或者为了教学、科学研究、宗教或慈善事业及公共文化利益的需要；第三，使用他人作品时，不得侵犯著作权人的其他权利，并且必须注明作者姓名、作品名称。以上三个条件在判断使用他人作品行为的合理性时，必须综合考虑，只要不具备其中一个条件，合理使用即不能成立。

著作权合理使用的情形如下：第一，为个人学习、研究或者欣赏，使用他人已经发表的作品。第二，为介绍、评论某一作品或者说明某一问题，在作品中适当引用他人已经发表的作品。第三，为报道时事新闻，在报纸、期刊、广播电台、电视台等媒体中不可避免地再现或者引用已经发表的作品。第四，将中国公民、法人或者其他组织已经发表的以汉语言文字创作的作品翻译成少数民族语言文字作品在国内出版发行。第五，将已经发表的作品改成盲文出版。

### （二）著作权的法定许可

著作权的法定许可是指在法律直接规定的范围内，以特定的方式使用作品，可以不经著作权人的许可，但应当向著作权人支付报酬的制度。

著作权的法定许可使用作品必须具备以下条件：许可使用的作品必须是已经发表的作品；使用作品应当向著作权人支付报酬；著作权人未发表不得使用的声明；不得损害被使用作品的著作权人的权利。

根据《中华人民共和国著作权法》规定，为实施义务教育和国家教育规划而编写出版教科书，可以不经著作权人许可，在教科书中汇编已经发表的作品片段或者短小的文字作品、音乐作品或者单幅的美术作品、摄影作品、图形作品，但应当按照规定向著作权人支付报酬，指明作者姓名或者名称、作品名称，并且不得侵犯著作权人依照著作权法享有的其他权利。这种著作权的法定许可可以适用于大学写作。

### 四、著作权侵权行为

写作时既要尊重他人的著作权，又要保护自己的著作权，尤其不能侵犯他人的著作权。所谓著作权侵权行为是指未经著作权人许可，又无法律上的根据，擅自对他人拥有著作权的作品进行利用及其他擅自行使著作权的行为。著作权立法中对侵犯著作权的行为做出规定，只有符合法律规定的情形，方可认定为侵犯著作权，因此，著作权侵权行为具有法定性。法律未做出规定的，则不应该认定为著作权侵权。在写作中，可能出现的侵犯著作权的行为主要表现如下：未经著作权人许可，发表其作品的行为；未经合作作者许可，将与他人合作创作的作品当作自己单独创作的作品发表的行为；没有参加创作，为谋取个人名利，在他人作品上署名的行为；歪曲、篡改他人作品的行为；剽窃他人作品的行为。

尊重著作权是写作的底线，是学术诚信的表现。因此，写作中绝不能触碰法律红线，否则即构成著作权侵权行为。

## 思考与练习

1. 学术诚信的意义是什么？
2. 学术失信的表现有哪些？
3. 学术规范体系有哪些内容？
4. 著作权合理使用有哪些条件和情形？

# 参考文献

## 一、学术专著


阿德勒．理解生命[M]．张俊贤，译．北京：新世界出版社，2016.

阿德勒．生命对你意味着什么[M]．王倩，译．海口：南海出版公司，2015.

阿尔维托·曼古埃尔．阅读史[M]．吴昌杰，译．北京：商务印书馆，2002.

艾丽斯·马蒂森．写作课[M]．王美芳，李杨，傅瑶，译．北京：北京联合出版公司，2017.

艾瑞克．反洗脑2[M]．北京：北京联合出版公司，2016.

艾芜．生活·人物·故事：中国现代作家谈创作经验（上册）[M]．济南：山东人民出版社，1980.

爱默生．爱默生随笔全集[M]．北京：北京理工大学出版社，2015.

奥古斯丁·比勒尔·舍论·中间道路[M]//伯顿·史蒂文森．世界名言博引词典．周文标，等编译．沈阳：辽宁人民出版社，1990.

巴尔扎克．巴尔扎克作品集[M]．北京：北京日报出版社，2017.

北京鲁迅博物馆．鲁迅手稿选集[M]．北京：文物出版社，1961.

北京鲁迅博物馆．鲁迅手稿选集四编[M]．北京：文物出版社，1975.

北京鲁迅博物馆．鲁迅手稿选集续编[M]．北京：文物出版社，1963.

布鲁克·诺埃尔·摩尔，理查德·帕克．批判性思维[M]．朱素梅，译．北京：机械工业出版社，2012.

布瓦洛．诗的艺术[M]//伍蠡甫．西方文论选（上册）上海：上海译文出版社，1979.

陈平原．读书的“风景”：大学生活之春风秋月[M]．北京：北京大学出版社，2012.

陈献章．陈献章全集[M]．上海：上海古籍出版社，2019.

段建，军伟．写作思维学导论[M]．北京：中国社会科学出版社，2004.

方勇．孟子译注[M]．北京：中华书局，2017.

方舟子．大象为什么不长毛[M]．北京：北京日报出版社，2017.

菲利斯·克里米，玛丽·利．大学生写作指南[M]．吕建高，谢萍，译．北京：东方出版社．2007

费孝通．生育制度[M]．北京：商务印书馆，1999.

弗·培根．培根论说文集[M]．2版．水天同，译．北京：商务印书馆，1983.

弗吉尼亚·伍尔夫．伍尔夫读书随笔[M]．刘文荣，译．上海：文汇出版社，2006.

弗朗西斯·培根．培根随笔精选[M]．刘慧，译．武汉：长江文艺出版社，2016.

格奥尔格·黑格尔．逻辑学（上卷）[M]．北京：商务印书馆，2017:23.

公孙龙．公孙龙子[M]．上海：上海古籍出版社，2001．
谷振诣，壮虎．批判性思维教程[M]．北京：北京大学出版社，2006．
哈珀·李．杀死一只知更鸟[M]．高红梅，译．南京：译林出版社，2012．
何明主．写作教程[M]．武汉：武汉大学出版社，2012．
何卓恩．胡适文集·自述卷[M]．长春：长春出版社，2013．
亨利·塞德尔·坎比，等．耶鲁写作课[M]．范斌珍，祝欣，译．南京：江苏凤凰科学技术出版社，2019．
亨利·塞德尔·坎比，等．耶鲁写作课[M]．范斌珍，祝欣，译．南京：江苏凤凰科学技术出版社，2019：153．
洪吉亮．春秋左传诂[M]．北京：中华书局，1987．
黄仁宇．万历十五年[M]．北京：生活·读书·新知三联书店，2015．
黄庭坚．黄庭坚集[M]．吴言生，杨锋兵，解评．太原：三晋出版社，2008．
J. B. 克尔福特．高效阅读课[M]．苗婷婷，译．南京：江苏科学技术出版社，2019．
杰拉尔德·格拉夫．高效写作的秘密[M]．姜昊骞，译．北京：天地出版社，2019．
居斯塔夫·福楼拜．福楼拜全集[M]．李健吾，译．北京：人民文学出版社，2014．
凯特·L. 杜拉宾．芝加哥大学论文写作指南[M]．雷蕾，译．北京：新华出版社，2015．
老舍．我怎样学习语言．老舍论创作[M]上海：上海文艺出版社，1982．
李佛生．中国哲理名言精粹[M]．重庆：重庆出版社，1996．
李丽丽．先秦儒家和谐教育思想研究，[M]．哈尔滨：黑龙江大学出版社，2012．
梁启超．中国历史研究法[M]．上海：上海古籍出版社，1987．
林达．历史深处的忧虑：近距离看美国生活[M]．北京：生活·读书·新知三联书店，2013．
刘春田．知识产权法[M]．北京：高等教育出版社，2019．
刘刚，但国干．鲁迅语言修改艺术[M]．北京：中央民族学院出版社，1993．
刘军强．写作是门手艺[M]．桂林：广西师范大学出版社，2020．
刘琳．逻辑表达力[M]．苏州：古吴轩出版社，2019．
刘勰，范文澜．文心雕龙注[M]．北京：人民文学出版社，2007，460．
卢元骏．说苑今注今译[M]．天津：天津古籍出版社，1988．
鲁迅．鲁迅全集[M]．北京：人民文学出版社，2008．
鲁迅．鲁迅自编文集·且介亭杂文[M]．南昌：江西教育出版社，2019．
鲁迅．答北斗杂志社问[M]//鲁迅全集：第四卷．北京：人民文学出版社，2005．
马克·克雷默，温迪·考尔．哈佛非虚构写作课：怎样讲好一个故事[M]．王宇光，等译．北京：中国文史出版社，2015．
马正平．高等写作思维训练教程[M]．北京：中国人民大学出版社，2013．
毛泽东．毛泽东选集[M]．北京：人民出版社，1991．
毛泽东．实践论　矛盾论[M]．上海：上海人民出版社，1967．
马格丽特·米切尔．飘[M]．陈良廷，等译．上海：上海译文出版社，2010．

明道．实用经典:逻辑思维训练2[M]．北京:北京华侨出版社,2015.

墨子．墨子·小取[M]．上海:上海古籍出版社,2015.

穆臣刚．哈佛逻辑课[M]．北京:中国法制出版社,2017.

倪正茂．逻辑基础与文章修改[M]．北京:光明日报出版社,1989.

聂震宁．阅读的艺术[M]．北京:作家出版社,2020.

帕特里克·邓利维．博士论文写作技巧[M]．赵欣,译．大连:东北财经大学出版社,2009.

裴显生．公文写作概论[M]．南京:南京大学出版社,1991.

槝田勗一．教育评价[M]．李守福,译．长春:吉林教育出版社,1988.

契诃夫．格鲁金斯基回忆[M]//契诃夫论文学．汝龙,译．北京:人民文学出版社 1985.

斯蒂芬·D.布鲁克菲尔德．批判性思维教与学[M]．纽跃增,译．北京:中国人民大学出版社,2017.

苏越．文章写作中的逻辑技巧[M]．北京:北京师范大学出版社,1990.

孙犁．勤学苦练[M]//孙犁文集:4卷．天津:百花文艺出版社,1982.

孙祖培．文章与逻辑[M]．北京:北京师范学院出版社,1986.

唐彪．读书作文谱[M]．长沙:岳麓书社,1989

William Strunk．英语写作手册:风格的要素[M]．北京:外语教学与研究出版社,2016.

汪曾祺．汪曾祺全集·散文卷三[M]．北京:北京师范大学出版社,1998.

王恩华．大学学术失范与学术规范[M]．长沙:湖南师范大学出版社,2010.

王水照．历代文话[M]．上海:复旦大学出版社,2007.

王雨沛．学术论文写作与发表指南[M]．北京:中国人民大学出版社,2017.

王兆鹏．中国古代文学作品选(修订版)·先秦两汉卷[M]．武汉:武汉出版社,2014.

王正平,汤才伯．中外教育名言集萃[M]．上海:百家出版社,1989.

威廉·津瑟．写作法宝:非虚构写作指南[M]．朱源,译．北京:中国人民大学出版社,2013.

夏丏尊,叶圣陶．七十二堂写作课[M]．北京:开明出版社,2017.

徐有富．学术论文写作十讲[M]．北京:北京大学出版社,2017.

徐中玉．应用文写作[M]．北京:高等教育出版社,2000.

杨伯峻．论语译注[M]．北京:中华书局,2017.

杨汉麟．外国教育名家思想[M]．上海:华中师范大学出版社,2010.

叶良骏．陶行知箴言[M]．上海:上海教育出版社,2011.

叶圣陶．落花水面皆文章[M]．北京:开明出版社,2017.

叶圣陶．叶圣陶教育文集[M]．北京:人民教育出版社,1994.

袁世全．中外名句大辞典[M]．上海:上海辞书出版社,2012.

约翰·奈斯比特．大趋势:改变我们生活的十个新方向[M]．北京:中国社会科学出版社,1984.

约翰·沃尔夫冈·冯·歌德．歌德散文选[M]．陈宗显,译．南昌:百花洲文艺出版社,2005.

张伦锦．逻辑表达[M]．广州：广东人民出版社，2019.
赵鑫全．批判性思维与逻辑谬误[M]．成都：电子科技大学出版社，2016.
郑颐寿．文章修改艺术：第一册[M]．福州：福建教育出版社，1983.
中共山东省委宣传部编．新编哲学社会科学简明手册[M]．济南：山东人民出版社，2014.
周建武．认证有效性分析：逻辑与批判性写作指南[M]．北京：清华大学出版社，2016.
朱光潜．无言之美[M]．武汉：长江文艺出版社，2008.
朱光潜．选择与安排[M]．合肥：安徽人民出版社，1981.
朱熹．四书章句集注[M]．北京：中华书局，2011.
朱正．鲁迅手稿管窥[M]．长沙：湖南人民出版社，1981.

## 二、期刊

曹树真．论罗杰斯的师生观[J]．外国教育研究，2000(6)：1-6.
查屏球．涛声彻耳逾激昂：海外体验与梁启超的《少年中国说》[J]．读书，2019(07)：81-89.
陈丽丹，张尧，AntonioFIGUEIREDO．电动汽车充放电负荷预测研究综述[J]．电力系统自动化，2019，43(10)：177-197.
陈元勋．论点论据扣合十法[J]．语文教学通讯，2007(6)：42-44.
底青云，朱日祥，薛国强，等．我国深地资源电磁探测新技术研究进展[J]．地球物理学报，2019，62(06)：2128-2138.
杜涛．时评论据的甄别与分析[J]．青年记者，2013(20)：44-45.
傅修海．对影成三人：郭沫若、李白与杜甫的互文写作——重读郭沫若《李白与杜甫》[J]．文学评论，2019(01)：103-109.
贺玉高．在理性主义语境中对布封《论风格》的再解读[J]．文艺理论研究．2009(1)：76-82.
胡文龙．重视言论的论述方法论[J]．新闻与写作，1996(11)：14-16.
胡壮麟．语用学和隐喻研究：西方古典隐喻中的语用学思维[J]．当代修辞学．2020(6)：7.
黄洁华，莫雷．文章结构清晰度对修改的影响研究[J]．心理学探新，2003(2)：23-25，44.
金衡山．人文教育、批判性思维与课程设置：《西方文明导论》课的实践与启示[J]．外语教学理论与实践，2019(1)：22-29.
厉世成．名家是如何锤炼语言的[J]．语文建设，2000(4)：32-33.
刘学东，袁靖宇．美国大学生批判性思维能力培养研究：以斯坦福大学为例[J]．高教探索，2018(9)：44-50.
马少华．用具体的事实性论据避免空谈[J]．新闻与写作，2017(4)：80-82.
潘涌，李熹．最新SAT作文评分标准的特点及价值启示[J]．教育科学研究，2019(6)：71-75.
钱颖一．批判性思维与创造性思维教育：理念与实践[J]．清华大学教育研究，2018(4)：

1-16.

王晓红,田彩瑞．谈从思维训练到语言锤炼的作文教学实践[J]．教育与职业,2008(23):118-119.

吴坚．论证逻辑刍议[J]．中山大学学报(社会科学版),2003年增刊．

吴玉婷．论秦观对李商隐的继承性．企业家天地(下半月刊)[J]．2014(7):214-215.

武宏志,丁煌．谬误研究总论(上)[J]．思维与智慧,1995(5):48-49.

闫志强．谈谈评论写作中的论据选用[J]．时代文学,2008(11):25-26.

杨仕威．在锤炼中提高语感素质:由鲁迅修改文章语句获得的启示[J]．语文学习,2006(4):43-45.

张一南．唐代早期山东士族的古体诗[J]．南京大学学报(哲学·人文科学·社会科学),2018(1):116-130.

钟启泉．批判性思维:概念界定与教学方略[J]．全球教育展望,2020(1):3-16.

朱正．跟鲁迅先生学习修改文章[J]．秘书工作,2005(8):32-33.

# 附录 《中华人民共和国著作权法》(节选)、《中华人民共和国著作权法实施条例》(节选)

## 《中华人民共和国著作权法》(节选)

第二条 中国公民、法人或者非法人组织的作品,不论是否发表,依照本法享有著作权。

第四条 著作权人和与著作权有关的权利人行使权利,不得违反宪法和法律,不得损害公共利益。国家对作品的出版、传播依法进行监督管理。

第十一条 著作权属于作者,本法另有规定的除外。

创作作品的自然人是作者。

由法人或者非法人组织主持,代表法人或者非法人组织意志创作,并由法人或者非法人组织承担责任的作品,法人或者非法人组织视为作者。

第十二条 在作品上署名的自然人、法人或者非法人组织为作者,且该作品上存在相应权利,但有相反证明的除外。

作者等著作权人可以向国家著作权主管部门认定的登记机构办理作品登记。

与著作权有关的权利参照适用前两款规定。

第五十二条 有下列侵权行为的,应当根据情况,承担停止侵害、消除影响、赔礼道歉、赔偿损失等民事责任:

(一)未经著作权人许可,发表其作品的;

(二)未经合作作者许可,将与他人合作创作的作品当作自己单独创作的作品发表的;

(三)没有参加创作,为谋取个人名利,在他人作品上署名的;

(四)歪曲、篡改他人作品的;

(五)剽窃他人作品的;

(六)未经著作权人许可,以展览、摄制视听作品的方法使用作品,或者以改编、翻译、注释等方式使用作品的,本法另有规定的除外;

(七)使用他人作品,应当支付报酬而未支付的;

(八)未经视听作品、计算机软件、录音录像制品的著作权人、表演者或者录音录像制作者许可,出租其作品或者录音录像制品的原件或者复制件的,本法另有规定的除外;

(九)未经出版者许可,使用其出版的图书、期刊的版式设计的;

(十)未经表演者许可,从现场直播或者公开传送其现场表演,或者录制其表演的;

(十一)其他侵犯著作权以及与著作权有关的权利的行为。

第五十三条　有下列侵权行为的，应当根据情况，承担本法第五十二条规定的民事责任；侵权行为同时损害公共利益的，由主管著作权的部门责令停止侵权行为，予以警告，没收违法所得，没收、无害化销毁处理侵权复制品以及主要用于制作侵权复制品的材料、工具、设备等，违法经营额五万元以上的，可以并处违法经营额一倍以上五倍以下的罚款；没有违法经营额、违法经营额难以计算或者不足五万元的，可以并处二十五万元以下的罚款；构成犯罪的，依法追究刑事责任：

（一）未经著作权人许可，复制、发行、表演、放映、广播、汇编、通过信息网络向公众传播其作品的，本法另有规定的除外；

（二）出版他人享有专有出版权的图书的；

（三）未经表演者许可，复制、发行录有其表演的录音录像制品，或者通过信息网络向公众传播其表演的，本法另有规定的除外；

（四）未经录音录像制作者许可，复制、发行、通过信息网络向公众传播其制作的录音录像制品的，本法另有规定的除外；

（五）未经许可，播放、复制或者通过信息网络向公众传播广播、电视的，本法另有规定的除外；

（六）未经著作权人或者与著作权有关的权利人许可，故意避开或者破坏技术措施的，故意制造、进口或者向他人提供主要用于避开、破坏技术措施的装置或者部件的，或者故意为他人避开或者破坏技术措施提供技术服务的，法律、行政法规另有规定的除外；

（七）未经著作权人或者与著作权有关的权利人许可，故意删除或者改变作品、版式设计、表演、录音录像制品或者广播、电视上的权利管理信息的，知道或者应当知道作品、版式设计、表演、录音录像制品或者广播、电视上的权利管理信息未经许可被删除或者改变，仍然向公众提供的，法律、行政法规另有规定的除外；

（八）制作、出售假冒他人署名的作品的。

## 《中华人民共和国著作权法实施条例》（节选）

第六条　著作权自作品创作完成之日起产生。

第九条　合作作品不可以分割使用的，其著作权由各合作作者共同享有，通过协商一致行使；不能协商一致，又无正当理由的，任何一方不得阻止他方行使除转让以外的其他权利，但是所得收益应当合理分配给所有合作作者。

第十条　著作权人许可他人将其作品摄制成电影作品和以类似摄制电影的方法创作的作品的，视为已同意对其作品进行必要的改动，但是这种改动不得歪曲篡改原作品。

第十九条　使用他人作品的，应当指明作者姓名、作品名称；但是，当事人另有约定或者由于作品使用方式的特性无法指明的除外。

第二十三条　使用他人作品应当同著作权人订立许可使用合同，许可使用的权利是专有使用权的，应当采取书面形式，但是报社、期刊社刊登作品除外。

# 后　记

党的二十大报告指出："必须坚持科技是第一生产力、人才是第一资源、创新是第一动力，深入实施科教兴国战略、人才强国战略、创新驱动发展战略，开辟发展新领域新赛道，不断塑造发展新动能新优势。"我们要"不断提高战略思维、历史思维、辩证思维、系统思维、创新思维、法治思维、底线思维能力，为前瞻性思考、全局性谋划、整体性推进党和国家各项事业提供科学思想方法"。[①]由此可见，高素质人才的成长离不开科学的思维方法和高水平的写作能力的培养。

进入21世纪以后，为改变大学生写作能力薄弱的现实状况，国内许多高校纷纷改变传统观念，开展全方位的课程改革，一场"新写作教学改革运动"呼之欲出。这些高校将写作课程定位为通识必修课，提出要将课程覆盖至全体本科生的新要求。浙江农林大学顺应时代发展新趋势，积极响应新型改革潮流，并迅速行动起来将设想落到实处。一个显著标志是，继清华大学开设写作与沟通课后，浙江农林大学紧随其后，一个多月后，大学写作课也成功开课。

开设一门高质量的写作通识课，浙江农林大学有决心、有行动。2017年，学校成立了"大学写作"校级教学团队，团队负责人由文法学院院长、副院长担任。学校予以资金、政策、人才等方面支持，课程建设很快进入实质性准备阶段。团队成员多次赴清华大学等高校调研，也专门组织人员对国外写作课程进行了细致、深入研究，同时对学校之前各专业开设的应用文写作、学术写作、文学写作等课程进行了系统梳理和得失总结，这样既有历史回顾，又有国际眼光，使得我们对课程建设的未来有了底气，充满信心。应义斌校长、沈月琴副校长始终关注并具体指导课程建设，他们多次参加团队的研讨，指导集体备课，鼓舞团队攻坚克难。

在研讨和备课过程中，我们苦于难以觅到一本合适的教材。这其实也可以理解，投身于"新写作教学改革运动"的国内同行们也许和我们一样，这时候千头万绪，面对的都是新情况、新问题、新思维，市场上也没有特别合适的教材。为了突破这一瓶颈，我们以"初生牛犊不怕虎"的精神，决定将教材编写工作提前。我们认为，教材编写是一个动态过程，它需要不断修改、完善。目前我们立足实际，大胆将团队备课时的设想，以及老师自己的教学和写作经验融入其中。即便是一管之见，未必具有典型性，也是大胆尝试。于学生而言，总是一种亲切的教益。我们本着求真务实的态度，在学中干，在干中学，在编写过程中不断学习新理论、新方法，将自身经验提升到理论层次。又不忘初心，从利于教学的角度，

---

① 习近平.高举中国特色社会主义伟大旗帜 为全面建设社会主义现代化国家而团结奋斗：在中国共产党第二十次全国代表大会上的报告[N].人民日报，2022-10-26(01).

加强案例和实训的分量,在某些理念上融通国际。我们不断开会,反复研讨,写作过程中时时加强沟通,反复修改打磨,经过两年多的努力,这本远说不上完美,但却凝聚心血的教材终于面世了。

本书编写者都是浙江农林大学大学写作课程的教师。我校大学写作课程放眼于"大写作"境界,融思维、逻辑、表达"三位一体",特别注重批判性思维的训练,为了彰显辨识度,我们将教材定名为"思维与写作"。教材编写的总体思路、结构体例由彭庭松提出,经集体讨论确定。本书各章执笔分工如下:绪论,彭庭松;第一章,周新华;第二章,朱永香;第三章,严晓驰;第四章,王昌树;第五章,杨昇;第六章,别海燕;第七章,房萍;第八章,薛青;第九章,马永双。全书由王长金、彭庭松统稿,王美芸、杨希参与校对核实工作。

感谢校长应义斌教授欣然应允作序,他对我们的宽容和鼓励,像阳光一样暖在心头。浙江大学人文学部主任黄华新教授、之江试验室数字经济联合创新研究中心主任黄宝忠、浙江大学哲学系主任金立教授等对我校大学写作课程一直关注,在各种场合,都提出了宝贵意见。本教材在编写过程中得到浙江省逻辑学会思维与写作专业委员会的学术指导。在此一并表示诚挚的谢意!

感谢浙江农林大学教务处、集贤学院、文法学院等为大学写作课程开设付出的艰辛努力,本教材的出版同样得到了他们的有力帮助。

有人说,艺术或者人生都是充满遗憾和缺陷的。于本教材而言,尤其如此。由于编写人员较多,且水平有限,文风难免会有不一致的地方。加之时间仓促,内容亦有难度,不足和不当之处一定会有许多。热忱希望教材使用者和读者不吝批评指正,以便再版时改正。

彭庭松

2023年12月